D1662421

SOMMAIRE

Chapitre 1 : Composants d'un système photovoltaïque et leur fonctionnement 6

- Panneaux solaires 9
- Onduleurs 11
- MPPT 18
- Batteries 20
- Système de connexion et de protection 24

Chapitre 2 : Sélection du site et préparation 49

- Evaluation de l'emplacement 51
- Sélection de l'emplacement 54

Chapitre 3 : Conception du système 60

- Calcul de la charge électrique 61
- Calcul de la capacité de la batterie 66
- Choix du contrôleur de charge, de l'ondulateur, et de la version hybride 70
- Choix des panneaux 74
- Montage des panneaux et des batteries 74

Chapitre 4 : L'outillage 82

Chapitre 5 : Installation des panneaux solaires.................. 87

- La toiture... 88
- Système au sol.. 88
- Suiveurs solaires 89
- Les fixations 90
- Les étapes du montage 92

Chapitre 6 : Raccordement 94

Chapitre 7 : Entretien et sécurité 97

Chapitre 8 : Kit plug and play 100

Chapitre 9 : Mon aventure solaire 104

Ce livre a pour but, à travers mon expérience, de vous apporter (je l'espère) des réponses à vos questionnements ! J'ai toujours été très curieux de nature. Quand j'étais enfant, je m'initiais à de nombreuses expériences, que ce soit dans les domaines de l'électricité, de la chimie, et bien d'autres. J'ai démonté de nombreuses choses sans jamais vraiment les remonter... La curiosité m'a souvent poussée à explorer et à expérimenter.

À la fin de ma vingtaine, j'ai constaté que les prix de l'électricité augmentaient, tout en observant que le monde ne s'améliorait pas essentiellement avec cette consommation toujours croissante. J'ai alors ressenti le désir de contribuer à l'écologie et, par cela, de me libérer de la dépendance vis-à-vis de nos fournisseurs d'électricité pour produire la mienne. Mais voilà, les idées, c'est bien, mais par où commence-t-on ? Comment fait-on ? Comment cela fonctionne-t-il ? Est-ce difficile ? Est-ce coûteux ? Dans ce livre, je vais vous détailler l'ensemble du processus, depuis le tout début, c'est-à-dire depuis zéro, jusqu'à la mise en place d'une petite installation, et enfin, comment j'ai réussi à atteindre l'autonomie énergétique. Je vais vous expliquer comment calculer la capacité de votre parc de batteries, concevoir votre installation, et réduire la consommation électrique de votre maison.

Pour mieux comprendre ce qui suit, les grandeurs et unités de base dans le système international sont données dans le tableau suivant :

Grandeur	**Symbole**	**Unité**	**Symbole**	**Appareil de mesure**
Tension	U	Volt	V	Voltmètre
Intensité	I	Ampère	A	Ampèremètre
Puissance	P	Watt	W	Wattmètre
Résistance	R	Ohm	Ω	Ohmmètre
Capacité	C	Farad	F	Capacimètre
Inductance	L	Henry	H	Henry mètre
Période	T	seconde	S	périodemètre
Fréquence	f	Hertz	Hz	fréquencemètre
Température	T	Degrés celsius	°C	Thermomètre
Pression	P	Pascal	Pa (ou bar)	Baromètre
Chaleur	Q	Calorie	Cal	Calorimètre
Eclairement	E	Luxe	Lux	luxmètre
Intensité lumineuse	I	Candela	Cd	Candelamètre

Chapitre 1 :

Composants d'un système photovoltaïque et leur fonctionnement

Ce chapitre a pour objectif de présenter en détails les différents composants que comporte un système photovoltaïque, et d'expliquer leur rôle crucial dans la conversion de l'énergie solaire en électricité. Une compréhension approfondie de ces composants est essentielle pour concevoir, installer et entretenir efficacement un système photovoltaïque. Voici les points clés abordés dans ce chapitre :

Les panneaux solaires :

- Structure et composition : Description de la structure des panneaux solaires, composés de cellules photovoltaïques reliées en série et en parallèle.
- Le processus de conversion : Explication du fonctionnement des cellules photovoltaïques qui absorbent la lumière solaire et génèrent un courant électrique continu en utilisant l'effet photovoltaïque.

Les onduleurs :

- Rôle de l'onduleur : Comprendre le rôle de l'onduleur dans la transformation du courant continu généré par les panneaux solaires en courant alternatif utilisable pour alimenter les appareils électriques et le réseau électrique.
- Types d'onduleurs : Présentation des différents types d'onduleurs tels que les onduleurs et les onduleurs hybrides, avec leurs avantages et leurs inconvénients.

Le régulateur de charge (MPPT - Maximum Power Point Tracking) :

- Fonctionnement du MPPT : Explication de la fonction du régulateur MPPT pour optimiser le rendement des panneaux solaires en suivant le point de puissance maximale (MPPT) du panneau.
- Rôle dans le stockage de l'énergie : Importance du MPPT dans le contrôle de la charge de la batterie pour éviter la surcharge et la décharge excessive.

Les batteries :

• Rôle de stockage de l'énergie : Comprendre l'importance des batteries dans un système photovoltaïque, qui permettent de stocker l'énergie produite pendant les périodes ensoleillées pour une utilisation ultérieure pendant les périodes de faible ensoleillement ou la nuit.

• Types de batteries : Présentation des différents types de batteries utilisées dans les systèmes photovoltaïques, comme les batteries au plomb-acide, les batteries au lithium-ion, avec leurs avantages et leurs inconvénients.

Le système de connexion et de protection :

• Connexions électriques : Explication des sections de câbles, des connecteurs et des fusibles ainsi que les sectionneurs utilisés pour relier les différents composants du système photovoltaïque.

• Les deux sortes de courant / utilisation d'un multimètre

• Protection contre les surtensions : Présentation des dispositifs de protection contre les surtensions pour garantir la sécurité du système.

Les panneaux solaires

Tous d'abord, pour les débutant(e)s, un panneau photovoltaïque c'est quoi ?

Il est composé de cellules photovoltaïques, formées de couches de silicium. Ce matériau est essentiel pour assurer l'effet photovoltaïque, soit la conversion des rayons du soleil en courant électrique.
Le silicium est un matériau abondant sur terre, extrait de la silice contenu dans le sable. Le silicium a une propriété indispensable à la production d'électricité : c'est un semi-conducteur. Comme tout élément, il est constitué d'atomes, un noyau autour duquel gravite des électrons (charge négative).

Lorsque les panneaux sont exposés à la lumière, les électrons du silicium circulent d'un atome à l'autre, sans constituer un courant électrique. Pour obtenir ce courant, le silicium doit être dopé ; opération qui consiste à obtenir d'un côté un surplus d'électrons et de l'autre côté une déficience d'électrons.

On ajoute donc des matériaux sur les différentes couches du panneau photovoltaïque pour créer une différence de potentiel :

- sur la couche supérieure, exposée à la lumière, du phosphore, un matériau dont les atomes possèdent plus d'électrons que ceux du silicium,
- sur la couche inférieure, du bore, un matériau dont les atomes possèdent moins d'électrons que ceux du silicium.

Le panneau photovoltaïque comporte alors d'un côté une borne négative qui présente un surplus d'électrons et de l'autre côté une borne positive qui présente une déficience d'électrons. Dès que le soleil éclaire le panneau, les électrons du silicium commencent à circuler en alimentant le dipôle : on obtient alors un courant électrique. Qui, en sortie, est en courant continu.

Ce qu'il faut savoir :
La puissance est mesurée en watt-crête ou Wc, C'est l'unité de mesure utilisée pour mesurer la puissance maximale qu'un panneau solaire est

capable de fournir dans des conditions idéales.

Pour vous y retrouver dans les indications des fabricants de panneaux solaires, voici un lexique afin de vous aider à comprendre les fiches techniques des produits.

Wp : Puissance Crête du panneau
Vmp : Tension de puissance maximale. Certains fabricants parlent de VMPP. C'est la même chose.
Imp : Courant de puissance maximal
Voc : Tension de Circuit Ouvert (Tension ouverte du panneau PV = tension maximum quand le courant est nul).
Isc : Courant de Court-Circuit (Courant maximum du panneau PV quand la tension est nulle).
Autres caractéristiques utiles:
Pm% : Coefficient de température à Puissance Maximale
VOC% : Coefficient de température à tension de circuit ouvert
Isc% : Coefficient de température à Courant de Court-Circuit

La tension de circuit ouvert (VOC) du système PV doit être inférieure à la tension maximum admissible du Régulateur/chargeur MPPT.

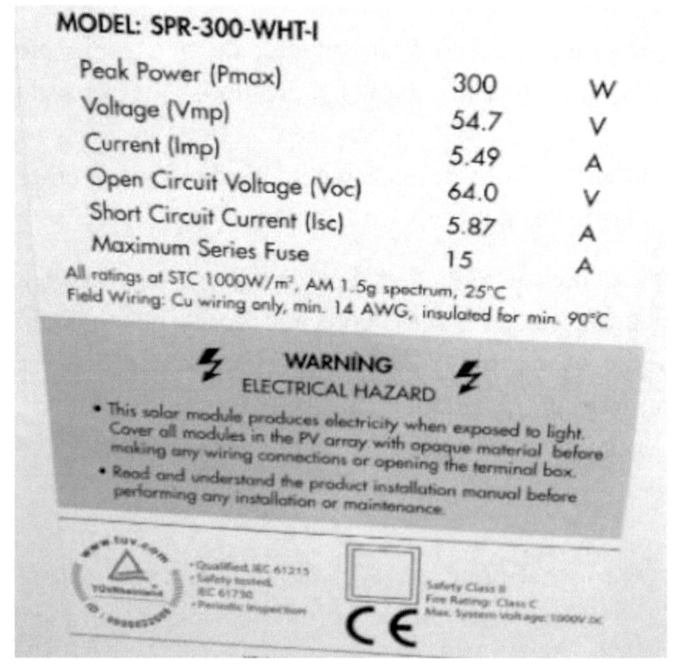

Les onduleurs

Les onduleurs sont utilisés dans une variété de systèmes électriques, notamment les véhicules électriques, les systèmes de secours, les systèmes solaires hors réseau et les éoliennes.

- Ils convertissent le courant continu (CC) provenant d'une batterie ou d'une source CC en courant alternatif (CA) pour alimenter les appareils électriques.
- Ils sont disponibles en différentes capacités pour répondre aux besoins spécifiques de l'application.
- Les onduleurs CC-CA sont souvent utilisés dans les systèmes autonomes hors réseau, où l'énergie solaire ou éolienne est stockée dans des batteries pour une utilisation ultérieure.

Il est important de choisir le type d'onduleur approprié en fonction de votre application et de vos besoins spécifiques.

Lors de la sélection d'un onduleur, il est essentiel de prendre en compte des facteurs tels que la puissance de sortie, la qualité, l'efficacité, la durabilité et la garantie. Les onduleurs de haute qualité et bien adaptés à votre système contribuent à maximiser l'efficacité et la fiabilité de votre installation électrique.

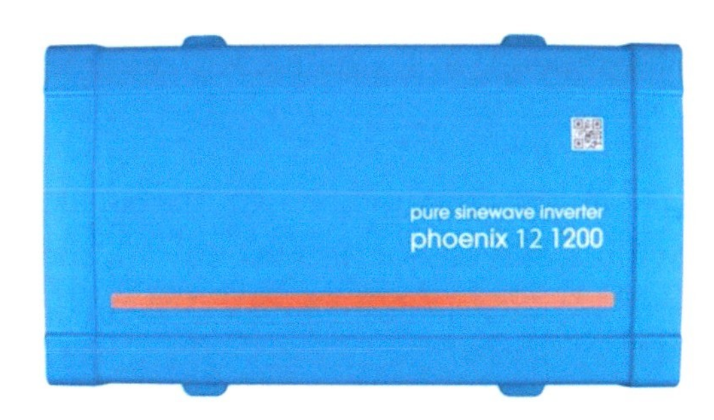

La différence entre onduleur pur sinus et quasi sinus :

Une onde sinusoïdale pure est une forme d'onde CA (courant alternatif) qui ressemble étroitement à la sinusoïde typique du courant électrique fourni par le réseau électrique. Cette forme d'onde est caractérisée par des cycles réguliers de tension qui montent et descendent en douceur, créant une courbe en forme de sinusoïde.

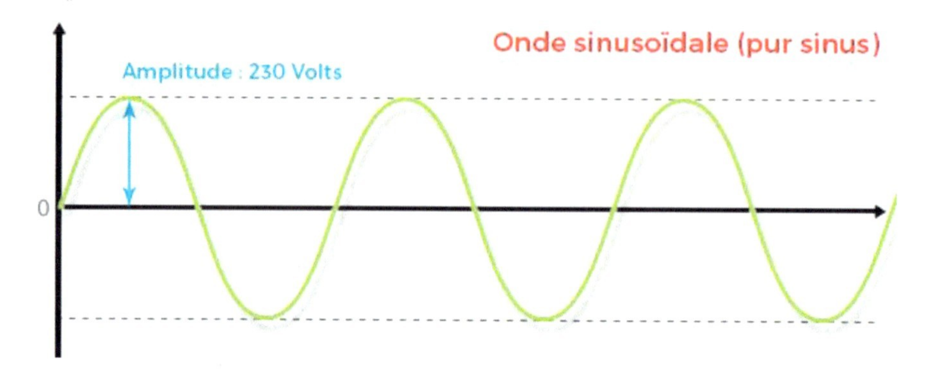

Voici quelques caractéristiques importantes de l'onde sinusoïdale pure :

- **Forme d'onde lisse :** L'onde sinusoïdale est régulière et lisse, sans aucune distorsion. Elle suit la courbe d'une sinusoïde mathématique, ce qui signifie qu'elle monte et descend de manière continue.
- **Fréquence constante :** La fréquence de l'onde sinusoïdale est constante, généralement de 50 Hz (hertz) en Europe ou de 60 Hz aux États-Unis, ce qui correspond à la fréquence du courant électrique du réseau.
- **Tension efficace :** La tension de crête (la valeur maximale de l'onde) est racine de 2 fois plus élevée que la tension efficace (la tension RMS), conformément à la théorie des signaux sinusoïdaux.

L'onde sinusoïdale pure est souvent considérée comme la forme d'onde de la plus haute qualité pour le courant alternatif, en particulier pour les applications qui exigent une alimentation électrique stable et sans distorsion. Voici pourquoi elle est appréciée :

- **Compatibilité avec les appareils sensibles :** Les appareils électroniques et électriques sensibles, tels que les ordinateurs, les téléviseurs, les réfrigérateurs, les équipements médicaux et les moteurs de précision, fonctionnant de manière optimale avec une alimentation en onde sinusoïdale pure. Elle évite les problèmes de distorsion ou de bruit électromagnétique qui pourraient endommager ces appareils.

- **Efficacité :** L'onde sinusoïdale pure permet un fonctionnement efficace des appareils électriques, ce qui se traduit souvent par une durée de vie plus longue et une meilleure performance de ces appareils.

- **Élimination de bruits électromagnétiques :** Cette forme d'onde génère moins de bruits électromagnétiques et d'interférences électriques, ce qui est essentiel dans les environnements sensibles.

- **Alimentation de secours :** Les systèmes de secours et les onduleurs utilisés dans les applications critiques, tels que les centres de données, les hôpitaux et les laboratoires, utilisent souvent des onduleurs à onde sinusoïdale pure pour garantir une alimentation électrique stable en cas de panne du réseau .

En résumé, une onde sinusoïdale pure est la forme d'onde CA la plus proche de la tension fournie par le réseau électrique standard. Elle est essentielle pour les applications exigeant une alimentation électrique de haute qualité, en particulier pour les appareils électroniques sensibles.

Onduleur à onde sinusoïdale pure :

Un onduleur à onde sinusoïdale pur produit une sortie CA qui ressemble étroitement à la forme d'onde sinusoïdale du courant alternatif que vous obtiendriez du réseau électrique public. La sinusoïde est douce et sans distorsion, ce qui en fait une forme de courant alternatif de haute qualité.

Avantages :

- Compatible avec tous les appareils électriques, y compris les appareils sensibles comme les ordinateurs, les réfrigérateurs, les téléviseurs et les outils électriques.
- Moins de bruits électromagnétiques et d'interférences.
- Excellente efficacité.

Utilisation :

Recommandé pour les applications sensibles à la qualité de l'alimentation électrique, y compris les systèmes solaires, les systèmes de secours, les installations résidentielles et commerciales.

Onduleur à onde modifiée (ou modifiée en carré) :

Un onduleur à onde modifié produit une sortie CA qui ressemble davantage à une forme d'onde carrée. Cette forme d'onde est plus "coupée" que la sinusoïde, avec des crêtes plus abruptes.

Avantages :

- Coût généralement plus bas.
- Convient à de nombreux appareils, en particulier les appareils de base tels que lampes, ventilateurs et appareils de chauffage.

Inconvénients :

- Incompatibilité avec certains appareils électriques sensibles.
- Possibilité de générer des bruits électromagnétiques.
- Moins efficace pour certains types d'appareils.

Le choix entre un onduleur à onde sinusoïdale pure et un onduleur à onde modifiée dépend de vos besoins spécifiques. Si vous souhaitez alimenter des appareils sensibles ou des équipements électroniques délicats, un onduleur à onde sinusoïdale pure est généralement recommandé. Pour les applications les plus simples où la qualité de la forme d'onde n'est pas une contrainte majeure, un onduleur à onde modifié peut être une option économique.

Il est important de noter que certains appareils modernes et sensibles, tels que des chargeurs d'ordinateurs portables, des alimentations à découpage, et des appareils électroniques avancés, fonctionnent de manière plus efficace avec une forme d'onde sinusoïdale pure. Assurez-vous donc de choisir un onduleur qui convient à vos besoins spécifiques.

Je conseillerais donc de partir de base sur un pur sinus pour éviter tout problème, et ainsi assurer une longévité de l'onduleur et des appareils qui vont utiliser son courant.

Onduleurs hybrides : le tout en un !

Un onduleur hybride tout-en-un offre une solution complète pour les installations solaires, en combinant les fonctions d'un onduleur photovoltaïque, d'un contrôleur MPPT (Maximum Power Point Tracking) et d'un onduleur de batterie dans un seul dispositif.

Cette approche présente de nombreux avantages :

- **Efficacité énergétique :** En intégrant un contrôleur MPPT, l'onduleur peut maximiser la production d'énergie à partir de vos panneaux solaires. Il surveille en permanence la tension et le courant de sortie des panneaux pour ajuster la tension de charge et s'assurer que les panneaux fonctionnent à leur niveau de performance optimal. Cela garantit que vous obtenez le maximum de puissance de vos panneaux solaires, même en cas de conditions de luminosité changeantes.
- **Alimentation continue :** L'onduleur hybride permet une utilisation continue de l'énergie solaire produite. Si vos panneaux génèrent plus

d'énergie que vous n'en consommez, l'excédent peut être stocké dans des batteries pour une utilisation ultérieure, assurant un approvisionnement constant en énergie.

- **Flexibilité de charge :** Vous pouvez également configurer l'onduleur pour se connecter au réseau électrique, ce qui permet de recharger vos batteries à partir du réseau lorsque l'énergie solaire n'est pas suffisante. Cela offre une plus grande flexibilité et assure un approvisionnement fiable en énergie, même en cas de fluctuations de la production solaire.
- **Coûts réduits :** L'avantage clé d'un onduleur hybride tout-en-un est qu'il peut être plus économique que l'achat séparé d'un onduleur photovoltaïque et d'un contrôleur MPPT. En regroupant ces fonctions en un seul appareil, vous supprimez sur les coûts d'achat et d'installation.
- **Facilité d'installation :** L'installation d'un seul appareil est généralement plus simple que l'installation de deux composants distincts. Cela peut réduire les coûts d'installation et le temps nécessaire pour mettre en service votre système solaire.
- **Gestion intelligente :** De nombreux onduleurs hybrides sont équipés de fonctionnalités de gestion intelligente de l'énergie, telles que la priorisation de l'utilisation de l'énergie solaire, la gestion de la charge des batteries et la possibilité de vendre l'électricité excédentaire au réseau, si cela est autorisé dans votre région.

Le régulateur de charge (MPPT - Maximum Power Point Tracking)

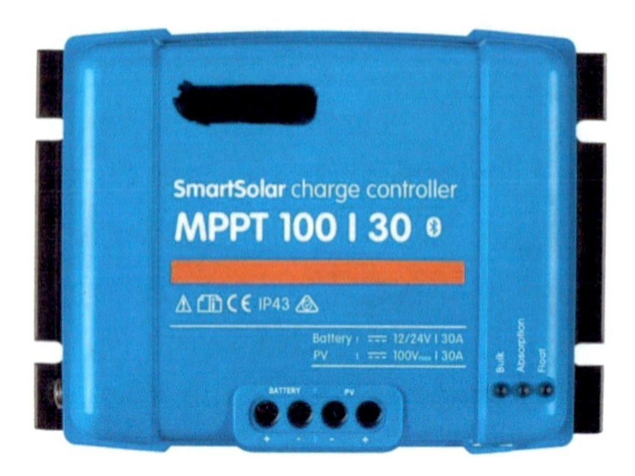

Fonctionnement du Régulateur de Charge MPPT :

Le Régulateur de Charge MPPT est conçu pour ajuster en temps réel la tension de fonctionnement des panneaux solaires afin d'obtenir la puissance maximale à partir d'eux. Voici comment il fonctionne :

- **Suivi du Point de Puissance Maximale (MPPT)** :
  - Les panneaux solaires produisent leur puissance maximale à une tension spécifique, appelée tension du Point de Puissance Maximale (Vmp).
  - Cependant, la tension des panneaux peut varier en fonction de la luminosité et de la température. Pour maximiser l'efficacité de conversion, le MPPT mesure en permanence la tension et le courant de sortie des panneaux et ajuste la charge de manière à maintenir la tension à un niveau optimal (égal à Vmp) pour obtenir la puissance maximale en fonction des conditions de

lumière actuelle.

- **Conversion de l'énergie** :
    - Une fois que le MPPT a déterminé la tension optimale pour obtenir la puissance maximale des panneaux, il convertit l'énergie continue produite par les panneaux en courant continu (DC) de la même tension, ce qui est nécessaire pour charger la batterie.

- **Rôle dans le stockage de l'énergie :**

Le Régulateur de Charge MPPT est un élément clé du stockage de l'énergie solaire dans les batteries. Voici comment il contribue à ce processus :

Optimisation de la charge de la batterie :

- Lorsque l'énergie solaire est générée par les panneaux, le MPPT veille à ce que la tension de sortie des panneaux soit maintenue à son niveau optimal, ce qui maximise la puissance d'entrée dans la batterie.
- En maintenant la tension à son niveau optimal, le MPPT assure que l'énergie produite est transférée à la batterie de manière efficace, minimisant les pertes d'énergie.

Prévention de la surcharge et de la décharge excessive :

- Le MPPT surveille également l'état de charge de la batterie en temps réel. Il peut ajuster le flux d'énergie entrant dans la batterie pour éviter la surcharge, ce qui peut endommager la batterie, ainsi que la décharge excessive, ce qui peut réduire la durée de vie de la batterie.
- Dans ces deux scénarios, le MPPT contribue à prolonger la durée de vie de la batterie tout en optimisant l'utilisation de l'énergie stockée.

Le Régulateur de Charge MPPT est un élément clé d'un système photovoltaïque, car il maximise l'efficacité de la conversion de l'énergie solaire, optimise la charge de la batterie et protège la batterie contre les dommages potentiels liés à la surcharge ou à la décharge excessive. Cela contribue à une utilisation plus efficace et durable de l'énergie solaire stockée.

Les batteries

Il en existe une multitude de batteries. De différents types : plomb, gel, lithium..., de différentes tailles, de formes et de capacités, exprimées en Ampère-heure (AH), elle indique la quantité de courant que peut fournir une batterie au fil du temps .Mais dans la pratique une batterie plomb ne peut que fournir que environ 50 % de sa capacité sous peine de rentrer en décharge profonde et de détériorer votre batterie.

Rôle de stockage de l'énergie :

- **Capture de l'énergie excédentaire** :

  Lorsque les panneaux solaires produisent de l'électricité, il arrive souvent qu'ils génèrent plus d'énergie que ce qui est immédiatement consommé. Cette énergie excédentaire est acheminée vers les batteries pour un stockage futur.

- **Stockage pour une utilisation ultérieure** :

  Les batteries stockent l'énergie sous forme d'électricité, prête à être utilisée quand les besoins en énergie dépassent la production solaire. Cela se produisant pendant la nuit, lorsque les panneaux solaires ne produisent pas d'électricité, ou lors de journées nuageuses ou pluvieuses où la production solaire est limitée.

- **Fourniture d'énergie continue** :

  Cela peut être essentiel dans les régions où les pannes de courant sont fréquentes ou dans des applications critiques où une alimentation ininterrompue est nécessaire.

- **Optimisation de la consommation propre** :

  Les batteries permettent d'optimiser l'utilisation de l'énergie solaire produite localement. Plutôt que de renvoyer l'énergie excédentaire au réseau électrique (lorsque cela est autorisé), l'électricité est stockée localement pour répondre aux besoins immédiats de la maison ou de l'entreprise.

- **Réduction de la taille du système solaire** :

  En stockant l'énergie excédentaire dans des batteries, il est possible de réduire la taille du système solaire nécessaire pour répondre à la demande, car le stockage permet de compenser les fluctuations de la production solaire.

- **Flexibilité et autonomie énergétique** :

  Les batteries contribuent à l'autonomie énergétique en permettant de réduire la dépendance à l'égard du réseau électrique. Elles offrent une plus grande flexibilité pour consommer de l'électricité propre quand on le souhaite, quelles que soient les conditions extérieures.

Types de batteries :

- **Les batteries au plomb**

Il existe plusieurs types de batteries au plomb, chacun ayant ses propres avantages et inconvénients. Voici une description de certains types les plus courants :

Batterie plomb-acide ouverte :

Il s'agit du type de batterie au plomb le plus courant. Elle est constituée d'un conteneur rempli d'acide sulfurique et de plaques de plomb immergées dans l'acide. Ces batteries sont peu coûteuses, mais nécessitent un entretien régulier pour maintenir leur efficacité et leur durée de vie.

Batterie plomb-acide scellée :

Cette batterie est similaire à la batterie plomb-acide inondée, mais elle est scellée pour éviter les fuites d'acide et ne nécessite pas d'entretien régulier. Elle est souvent utilisée dans les applications de secours, comme les systèmes d'alimentation sans interruption (ASI) ou les équipements de sécurité.

Batterie AGM (Absorbent Glass Mat) :

Cette batterie utilise une technologie de séparation pour maintenir l'électrolyte en place, au lieu d'être immergé dans l'acide. Cela permet une conception plus compacte et une résistance aux vibrations, ainsi qu'une durée de vie plus longue et une maintenance réduite.

Batterie gel :

Cette batterie utilise un électrolyte sous forme de gel pour empêcher les fuites d'acide et les dommages causés par les vibrations. Elle est souvent utilisée dans les applications marines et les équipements médicaux en raison de sa sécurité et de sa durée de vie prolongée.

Batterie plomb-carbone :

Cette batterie utilise une technologie de carbone pour réduire l'accumulation de sulfate de plomb sur les plaques de la batterie, ce qui améliore sa durée de vie et sa performance. Elle est souvent utilisée dans les applications solaires et de stockage d'énergie renouvelable.

En résumé, chaque type de batterie au plomb a ses propres caractéristiques, avantages et inconvénients. Le choix d'un type de batterie dépendra des besoins spécifiques de l'application, tels que la durée de vie, la fiabilité, la taille et les coûts.

- **Les batteries Lithium**

Les batteries au lithium sont des batteries rechargeables qui utilisent des composés de lithium comme électrolyte pour stocker et fournir de l'énergie électrique. Elles sont largement utilisées dans les applications mobiles telles que les smartphones, les ordinateurs portables, les tablettes, les appareils photo et les véhicules électriques.

Les batteries au lithium sont généralement légères, compactes et ont une densité d'énergie élevée, ce qui signifie qu'elles peuvent stocker plus d'énergie dans un espace plus petit par rapport aux autres types de batteries. Elles ont également une durée de vie plus longue que les autres types de piles rechargeables.

Il existe plusieurs types de batteries au lithium, notamment :

Batteries lithium-ion (Li-ion) :

Les batteries Li-ion sont les plus courantes et sont utilisées dans la plupart des appareils électroniques portables. Elles sont légères, ont une densité d'énergie élevée et ne dépassent pas d'entretien régulier. Les batteries Li-ion sont également disponibles en différentes tailles et formes, ce qui les rend adaptées à une variété d'applications.

Batteries lithium-ion polymère (LiPo) :

Les batteries LiPo sont similaires aux batteries Li-ion, mais elles utilisent un polymère pour maintenir l'électrolyte en place. Les batteries LiPo sont souvent utilisées dans les applications de faible puissance, comme les jouets et les drones, car elles sont plus légères et plus minces que les batteries Li-ion.

Batteries lithium-fer-phosphate (LiFePO4) :

Les batteries LiFePO4 sont plus sûres et plus durables que les batteries Li-ion. Elles sont souvent utilisées dans les systèmes de stockage d'énergie solaire et éolienne, les équipements médicaux et les applications militaires.

Batteries lithium-soufre (Li-S) :

Les batteries Li-S ont une densité d'énergie encore plus élevée que les batteries Li-ion, ce qui les rend potentiellement utiles pour les applications automobiles et aérospatiales. Elles sont encore en développement et ne sont pas encore largement utilisées.

Les batteries au lithium sont largement utilisées en raison de leur densité d'énergie élevée, de leur faible poids et de leur durée de vie prolongée. Cependant, elles sont également plus coûteuses que les batteries au plomb et peuvent présenter des risques de sécurité si elles sont surchargées ou endommagées.

Le système de connexion et de protection

Types de Câbles :

Il existe différents types de câbles électriques adaptés aux différentes parties du système photovoltaïque. Voici quelques-uns des types utilisés :

- **Câbles photovoltaïques (PV) :** Ces câbles dépendent des panneaux solaires à d'autres composants du système. Ils sont spécialement conçus pour résister aux intempéries et aux rayons UV, car ils sont généralement exposés à l'extérieur. Les câbles PV sont souvent munis de connecteurs spécifiques pour simplifier leur raccordement aux panneaux.

- **Câbles de batterie :** Ces câbles dépendent des batteries au régulateur de charge et à l'onduleur. Ils sont dimensionnés pour supporter l'intensité électrique circulant entre la batterie et les autres composants du système. Il est essentiel de choisir des câbles de batterie de la bonne section transversale pour minimiser les pertes d'énergie.

- **Câbles de connexion à la terre :** Pour des raisons de sécurité électrique, un système photovoltaïque doit être correctement mis à la terre. Des câbles de connexion à la terre dépendent des composants du système à un système de mise à la terre approprié.

Pertes d'Énergie :

Les câbles électriques présentent une certaine résistance électrique, ce qui signifie qu'ils provoquent des pertes d'énergie sous forme de lors du passage du courant électrique. Ces pertes sont proportionnelles à la longueur des câbles et à l'intensité du courant. Il est essentiel de dimensionner correctement les câbles pour minimiser ces pertes. Des câbles de plus grande section transversale sont nécessaires pour transporter des courants plus élevés sur de longues distances.

Sélection des Câbles :

Lors de la conception d'un système photovoltaïque, il est important de choisir les câbles en fonction de plusieurs critères, notamment :

- L'intensité du courant électrique : Les câbles doivent être dimensionnés pour supporter le courant généré par les panneaux solaires et circulant entre les différents composants du système.
- La distance entre les composants : Plus la distance est grande, plus la section transversale du câble doit être importante pour minimiser les pertes d'énergie.
- L'environnement : Les câbles exposés aux intempéries doivent être résistants aux UV, à l'humidité et aux variations de température.
- Les normes locales : Il est essentiel de respecter les normes électriques locales pour garantir la sécurité et la conformité réglementaire du système.

Astuces : Augmenter le voltage nominal de l'installation (en passant de 12V à 24V ou 48V) permet de diminuer le diamètre des câbles nécessaires et ainsi le coût de l'installation. En effet, si par exemple le courant est de 20A en 12V (U x I = P = 240W), en 24V le courant passant, pour la même puissance, est divisé par deux, soit 10A (24 x 10 = 240W). Il en va de même pour une tension système de 48V : Le courant passant est de 5A (5 x 48=240W).

Vous pouvez déterminer rapidement grâce à l'abaque ci-dessous la section de câble à utiliser selon deux variables :

Le courant passant maximum (Ampères) et la longueur de câble (mètres).

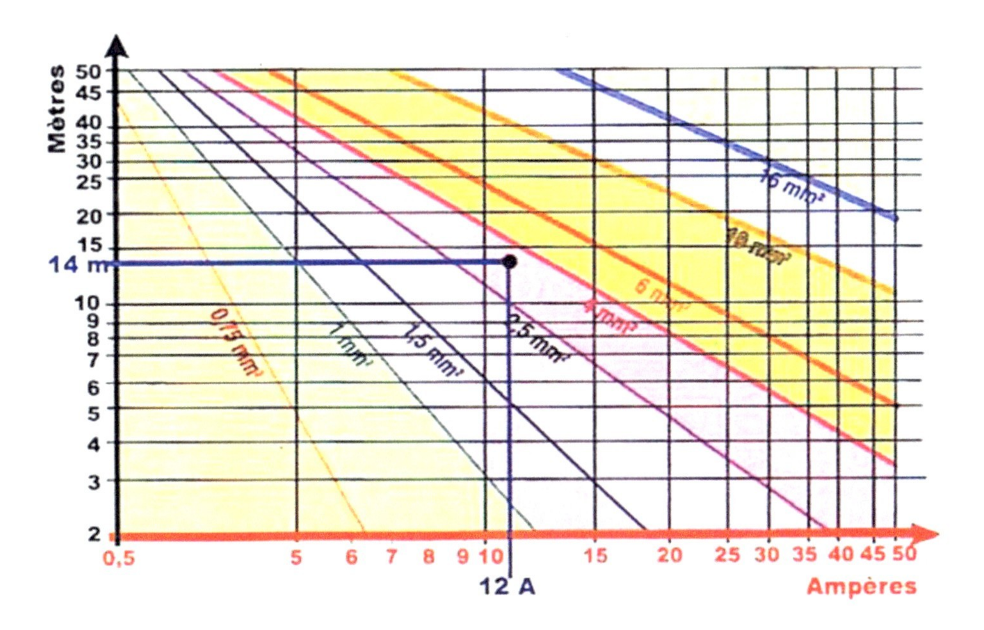

Par exemple, pour un courant de 12A et d'une longueur de 14 mètres, le câble doit avoir une section d'au moins 4 mm² de diamètre (voir abaque ci-dessus).

Vous pouvez aussi déterminer la section de câble adaptée à votre installation grâce aux tableaux ci-dessous :

Sections de câble pour systèmes 12V :

Entre les panneaux solaires et le régulateur :

Section de câble	**2,5m**	**5m**	**7,5m**	**10m**
0.75 mm²	3,4 A	1,6 A	1,2 A	0,9 A
1.5 mm²	6,7 A	3,4 A	2,2 A	1,6 A
2.5 mm²	11,2 A	5,7 A	3,5 A	2,8 A
4 mm²	18 A	9 A	6 A	4,5 A
6 mm²	27 A	13,5 A	9 A	7,5 A
10 mm²	45 A	22,5 A	15 A	12 A
16 mm²	72 A	36 A	24 A	18 A
25 mm²	112,5 A	57 A	37,5 A	28,5 A
35 mm²	157,5 A	79,5 A	52,5 A	39 A
50 mm²	225 A	112,5 A	75 A	57 A

Entre les batteries et les différents éléments raccordés (régulateur, convertisseur, chargeur) :

Section de câble	2,5m	5m	7,5m	10m
0.75 mm²	2,3 A	1,1 A	0,8 A	0,6 A
1.5 mm²	4,5 A	2,3 A	1,5 A	1,1 A
2.5 mm²	7,5 A	3,8 A	2,5 A	1,9 A
4 mm²	12 A	6 A	4 A	3 A
6 mm²	18 A	9 A	6 A	5 A
10 mm²	30 A	15 A	10 A	8 A
16 mm²	48 A	24 A	16 A	12 A
25 mm²	75 A	38 A	25 A	19 A
35 mm²	105 A	53 A	35 A	26 A
50 mm²	150 A	75 A	50 A	38 A

Sections de câble pour systèmes 24V

Entre les panneaux solaires et le régulateur :

Section de câble	**2,5m**	**5m**	**7,5m**	**10m**
0.75 mm²	6,9 A	3,3 A	2,4 A	1,8 A
1.5 mm²	13,5 A	6,9 A	4,5 A	3,3 A
2.5 mm²	22,5 A	11,4 A	7,5 A	5,7 A
4 mm²	36 A	18 A	12 A	9 A
6 mm²	54 A	27 A	18 A	15 A
10 mm²	90 A	45 A	30 A	24 A
16 mm²	144 A	72 A	48 A	36 A
25 mm²	225 A	114 A	75 A	57 A
35 mm²	315 A	159 A	105 A	78 A
50 mm²	450 A	225 A	150 A	114 A

Entre les batteries et les différents éléments raccordés (régulateur, convertisseur, chargeur) :

Section de câble	**2,5m**	**5m**	**7,5m**	**10m**
0.75 mm²	4,6 A	2,2 A	1,6 A	1,2 A
1.5 mm²	9 A	4,6 A	3 A	2,2 A
2.5 mm²	15 A	7,6 A	5 A	3,8 A
4 mm²	24 A	12 A	8 A	6 A
6 mm²	36 A	18 A	12 A	10 A
10 mm²	60 A	30 A	20 A	16 A
16 mm²	96 A	48 A	32 A	24 A
25 mm²	150 A	76 A	50 A	38 A
35 mm²	210 A	106 A	70 A	52 A
50 mm²	300 A	150 A	100 A	76 A

Sections de câble pour systèmes 48V

Entre les panneaux solaires et le régulateur :

Section de câble	2,5m	5m	7,5m	10m
0.75 mm²	13,8 A	6,6 A	4,8 A	3,6 A
1.5 mm²	27 A	13,8 A	9 A	6,6 A
2.5 mm²	45 A	22,8 A	15 A	11,4 A
4 mm²	72 A	36 A	24 A	18 A
6 mm²	108 A	54 A	36 A	30 A
10 mm²	180 A	90 A	60 A	48 A
16 mm²	288 A	144 A	96 A	72 A
25 mm²	450 A	228 A	150 A	114 A
35 mm²	630 A	318 A	210 A	156 A
50 mm²	900 A	450 A	300 A	228 A

Entre les batteries et les différents éléments raccordés (régulateur, convertisseur, chargeur) :

Section de câble	**2,5m**	**5m**	**7,5m**	**10m**
0.75 mm²	9,2 A	4,4 A	3,2 A	2,4 A
1.5 mm²	18 A	9,2 A	6 A	4,4 A
2.5 mm²	30 A	15,2 A	10 A	7,6 A
4 mm²	48 A	24 A	16 A	12 A
6 mm²	72 A	36 A	24 A	20 A
10 mm²	120 A	60 A	40 A	32 A
16 mm²	192 A	96 A	64 A	48 A
25 mm²	300 A	152 A	100 A	76 A
35 mm²	420 A	212 A	140 A	104 A
50 mm²	600 A	300 A	200 A	152 A

Les connecteurs :

Les connecteurs jouent un rôle important dans un système photovoltaïque en facilitant les connexions électriques entre les différents composants. Ils s'assurent que l'électricité produite par les panneaux solaires est acheminée de manière fiable et sécurisée vers l'onduleur, le régulateur de charge, les batteries et, le cas échéant, le réseau électrique. Voici quelques détails importants concernant les connecteurs dans un système photovoltaïque.

Deux types de Connexions :

- **Connecteurs MC4 :**

Les connecteurs MC4 (Multilayer Cell 4) sont les plus répandus dans les installations solaires photovoltaïques. Ils sont conçus pour une utilisation en extérieur, résistent aux intempéries et sont faciles à connecter et à déconnecter. Ils sont utilisés pour relier les câbles des panneaux solaires entre eux et aux autres composants du système.

Étanchéité et Durabilité :

Les connecteurs dans un système photovoltaïque doivent être étanches et durables, car ils sont généralement exposés aux éléments extérieurs. Les connecteurs MC4, par exemple, sont conçus pour résister à l'eau, aux UV et aux variations de température. L'étanchéité est essentielle pour éviter les infiltrations d'humidité qui pourraient endommager les composants électriques.

Facilité de Connexion :

Les connecteurs sont conçus pour être faciles à assembler et à désassembler. Cela facilite l'installation, la maintenance et le dépannage du système photovoltaïque. Les connecteurs MC4, par exemple, utilisent un mécanisme de verrouillage simple qui permet de connecter les câbles en quelques secondes.

Sécurité Électrique :

Lors de la manipulation des connecteurs, il est essentiel de prendre des mesures de sécurité électrique appropriées, notamment la mise hors tension du système en cas de maintenance ou de dépannage.

Il en existe plusieurs, de simple à double, à triple…

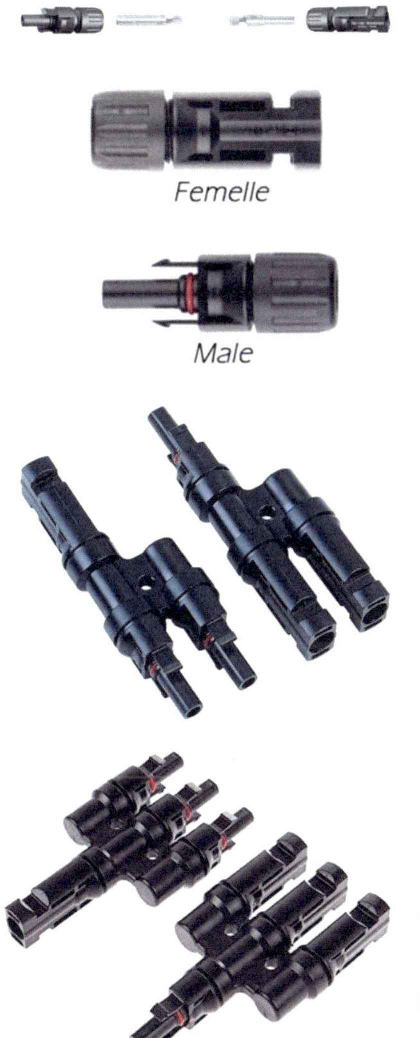

Ils sont composés de deux types de connexions, mâle et femelle, afin d'éviter toute erreur de branchement et d'inversion des pôles qui pourrait provoquer un court-circuit !!

- **Les barbus : ou appelées les barrettes de bus**

Ce sont des barrettes avec plusieurs connexions permettant de brancher les pôles positifs et de retirer les batteries. Elles ont pour rôle de faciliter la connexion sans interférer avec les autres, et permettent d'ajouter un MPPT de même tension de batterie lorsque le premier a atteint sa tension maximale acceptée.

Les deux sortes de courant

- **Le courant Alternatif :**

Quand vous branchez votre tv par exemple, le courant de sortie est en Alternatif dit (AC) représenté par une courbe la sinusoïdale.

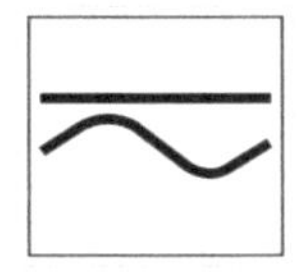

Ce type de courant électrique est typiquement produit par des générateurs tournants, utilisés dans les centrales de production : nucléaire, gaz, hydroélectricité, éolien…

- **Le courant Continu :**

Le courant continu (DC) est représenté par une ligne continue.

Le courant continu est produit par des générateurs électrochimiques ou électroniques, c'est-à-dire par toutes sortes de batteries, de piles ou de panneaux solaires.

Les pôles

Maintenant que vous connaissez la différence entre ces deux courants, nous allons nous pencher sur le courant continu.

Comme pour une pile, le panneau photovoltaïque a deux pôles : un positif (+) et un négatif (-)

C'est exactement la même chose pour une batterie, en courant continu le positif (+) et en rouge et le négatif (-) en noir

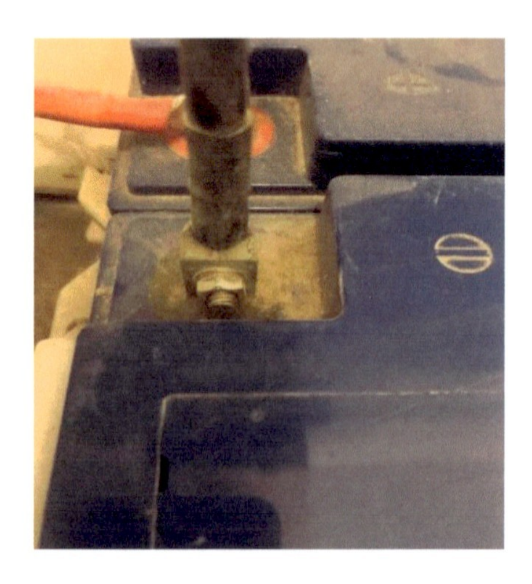

*** en cas de doute, utilisez un multimètre pour différencier le (+) du (-)**

Dans le doute, où s'il n'y a pas d'indications sur les câbles de panneaux solaires, il vous suffit tout simplement de prendre votre multimètre (indispensable), de le régler sur le courant continu (revenir au symbole plus haut) et de le régler au voltage souhaité : par exemple pour du 12v : régler à courant continue 20v, pour du 24 ou 48v ou plus : régler sur 200v. Il existe plusieurs types de multimètres avec différents réglages. Ci-dessous, des photos des plus couramment utilisés.

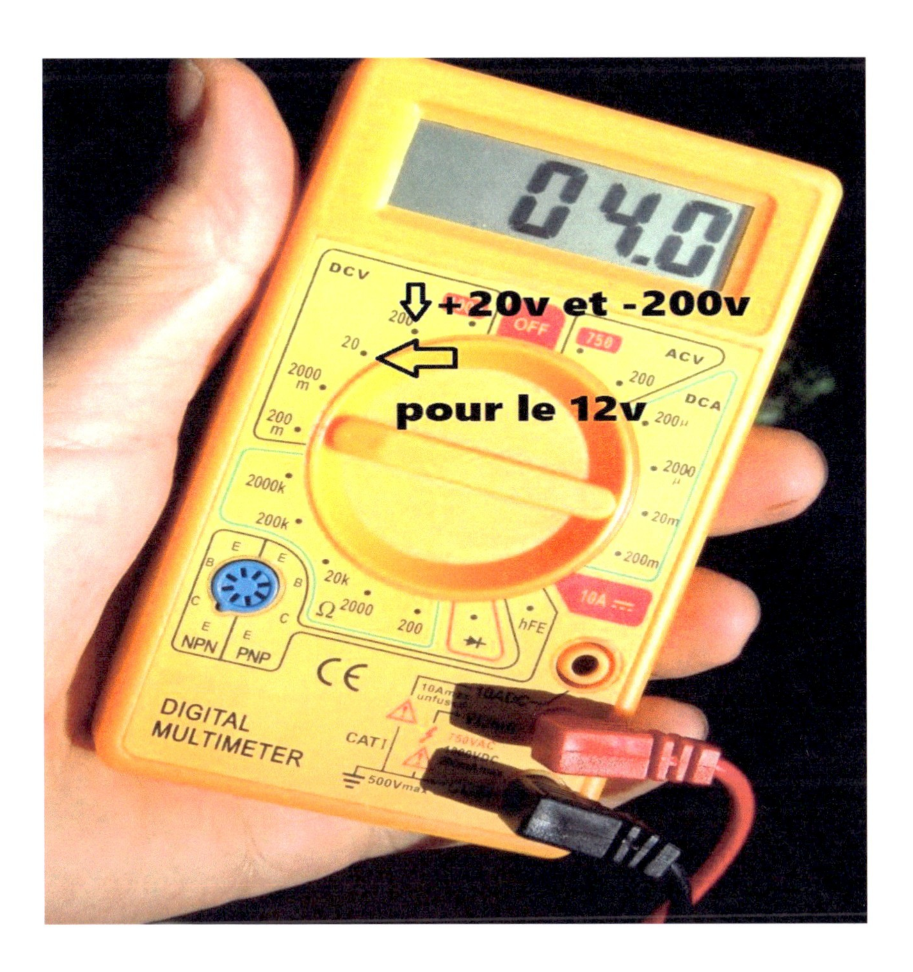

Pour savoir si vous ne vous trompez pas dans les pôles, il vous suffit de positionner vos connexions du multimètre, noire pour le négatif, rouge pour le positif sur les bornes ou les connecteurs. Votre multimètre vous indiquera si le sens est correct !

Sur cette première photo, il nous affiche simplement 12,6 V, vous observez que les bornes – et + sont bien connectées aux couleurs correspondantes (noire sur le – et rouge sur le +)

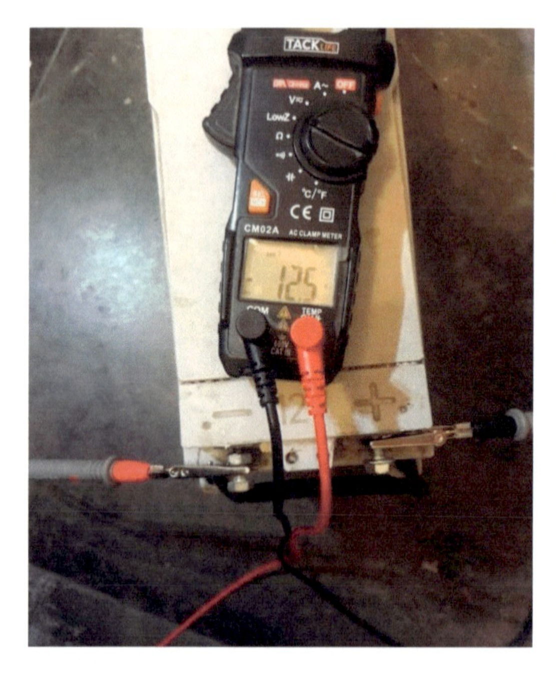

Si, comme sur cette deuxième photo, il est affiché -12,5, cela indique que les bornes ou les câbles sont inversés.

Cette astuce est très importante à retenir car vous allez vous en servir très souvent !

Protection contre les surtensions

Les surintensités peuvent survenir dans un système photovoltaïque en raison de divers facteurs, notamment des courts-circuits, des problèmes de connexion, des anomalies dans les panneaux solaires ou des conditions environnementales extrêmes. Les fusibles et les disjoncteurs offrent une protection essentielle en coupant rapidement l'alimentation en cas de surintensité pour éviter des dommages coûteux et garantir la sécurité électrique.

Des dispositifs de sectionnement et de sécurité doivent, comme dans toute installation électrique, être placés aux endroits adéquats, afin de pouvoir interrompre le circuit, manuellement ou automatiquement (à la suite d'un défaut). L'interruption manuelle peut être motivée par le besoin d'isoler une partie du circuit (maintenance, contrôle, mise hors circuit des consommateurs…). L'interruption automatique doit impérativement se produire en cas de défaut, et notamment de court-circuit.

La sécurité recherchée du côté CC ne concerne pas le risque d'électrisation ou d'électrocution (les tensions sont inférieures à 50V), mais surtout le risque d'incendie. En effet, sans protection, en cas de court-circuit, le courant généré par les batteries (ou même les panneaux solaires) ne sera pas coupé, et provoquera tout à la fois des arcs électriques pouvant produire un incendie, et, par échauffement, la fonte et l'embrasement des composants inflammables.

Par ailleurs, la nature même du courant continu interdit l'utilisation de dispositifs de protection conçus pour le courant alternatif, du fait de l'effet d'arc, bien souvent non interrompu dans les dispositifs de coupure prévus pour le courant alternatif.
La sécurité du côté CA doit bien entendu être la même que dans tous les circuits domestiques, et respecter la norme NF C 15-100.

Enfin, la mise à la terre et la protection de l'installation CC contre les surtensions transitoires dues à la foudre est vivement recommandée.

Mise à la terre

La mise à la terre et la protection de l'installation CC contre les surtensions transitoires dues à la foudre est vivement recommandée. En effet, les panneaux solaires ou les éoliennes sont en grande partie métalliques et le plus souvent placés en hauteur, et par conséquent sont exposés aux phénomènes électro-atmosphériques. Les surtensions transitoires dues à la foudre peuvent endommager ou détruire tout ou partie de vos appareils, et peuvent être évacuées vers la terre au moyen d'un parafoudre CC (l'appellation normalisée est : parasurtenseur, car les parafoudres ne protègent pas de la foudre, ce qui est le travail des paratonnerres, mais seulement des surtensions transitoires dues à la foudre) correctement relié à la terre. Les éventuels courants de fuite, de défaut, ou électrostatiques doivent aussi être évacués vers la terre.

La mise à la terre des structures métalliques (cadre des panneaux solaires, structures métalliques de fixation, mât de l'éolienne, carcasses métalliques du régulateur et du convertisseur…) est réalisée au moyen d'un câble en cuivre souple de section $10mm^2$ ou plus, la mise à la terre du parafoudre en $16mm^2$. L'équipotentialisation des conducteurs de terre est réalisée au moyen d'une barrette de terre, le contact avec la terre avec un piquet de terre en cuivre de 1,5m minimum descendu intégralement dans le sol.

La mise à la terre d'une installation photovoltaïque ou éolienne en site isolé devrait être obligatoire. Malheureusement, on constate bien souvent que les installateurs ou les usagers négligent ce point essentiel, mettant ainsi en péril, non seulement la pérennité de leur installation, mais aussi leur vie !

La mise à la terre adéquate d'une installation photovoltaïque ou éolienne en site isolé remplit 3 fonctions :

- La protection des appareils contre les surtensions dues à la foudre

- La protection des personnes contre les décharges statiques ou d'éventuels courants de fuite ou de défaut

- La protection des personnes contre les défauts d'isolation des appareils connectés côté CA.

Piquet de mise à la terre et barrette :

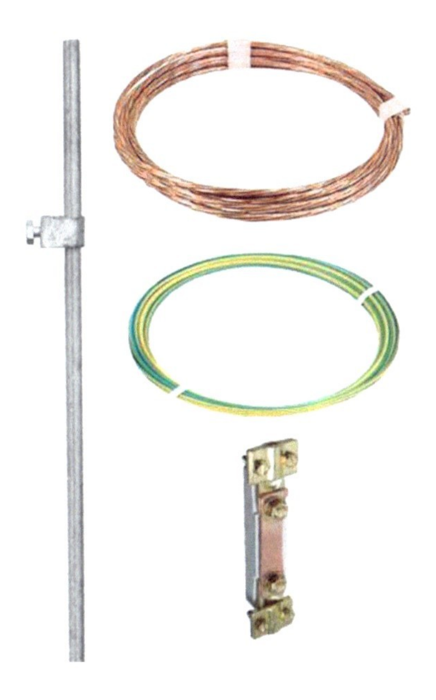

Protection contre les surtensions dues à la foudre

Les panneaux solaires, généralement placés en hauteur, ainsi que leur structure métallique de fixation, mais aussi les éoliennes, sont susceptibles de se comporter comme des récepteurs vis-à-vis des charges électrostatiques au cours des orages. Il s'ensuit la production dans le câblage de courants induits pouvant atteindre des tensions bien supérieures aux tensions supportables par l'électronique des appareils (régulateur, convertisseur, moniteurs, etc…) et même par les batteries !

La protection de l'ensemble de l'installation s'effectue à l'aide d'un para-surtenseur, appelé aussi parafoudre, dont la tension nominale de service doit être, en principe sensiblement du double de la tension du système. Des boîtiers de mise en parallèle pour installations à plusieurs modules photovoltaïques en sont pourvus. Pour les installations à un seul module, ou une seule branche de modules en série, ou encore celles où la mise en parallèle des modules n'a pas été effectuée au moyen d'un boîtier de mise en parallèle (ce qui n'est pas conseillé), il est vivement conseillé d'installer un parafoudre dans le coffret CC.

L'évacuation des courants induits par la foudre s'effectue au moyen d'un conducteur de terre 10mm² ou 16mm², d'un répartiteur de terre (barrette d'équipotentialisation), et d'un piquet de terre.

Protection contre les courants de fuite et décharges statiques

En principe, toutes les masses métalliques (cadres des modules photovoltaïques, structures, mât, carcasses métalliques des appareils…) doivent être interconnectées (équipotentialisées) et reliées à la terre. Ceci s'effectue au moyen de conducteurs de terre 10mm² V/J, raccordés au répartiteur, puis au piquet de terre.

Protection contre les défauts d'isolation côté CA

Les appareils alimentés en CA par le convertisseur sont susceptibles de présenter des défauts d'isolation dangereux pour les utilisateurs (risque d'électrocution). Ces appareils sont en général munis d'une prise mâle « 2+T », qui comporte donc une fiche de terre destinée à évacuer les défauts d'isolation vers la terre. Il y a donc lieu, lors de la réalisation du circuit électrique domestique, de prévoir des prises murales femelles 2+T adéquates, afin de pouvoir ramener ces défauts à la terre par la barrette d'équipotentialisation et le piquet de terre.

Les sectionneurs – disjoncteurs CC

Ces appareils doivent être en mesure d'assurer, sur commande manuelle ou sur défaut (masse, court-circuit), le sectionnement complet du circuit électrique côté courant continu en charge (c'est-à-dire sous tension), ce qui signifie qu'ils doivent être capables de supprimer totalement l'arc électrique produit à l'ouverture (ce qui peut ne pas être le cas des interrupteurs-disjoncteurs à courant alternatif pourtant encore couramment utilisés dans les installations solaires en site isolé).

Leur position dans le système photovoltaïque :

L'interrupteur-disjoncteur sectionneur CC du champ solaire (1) :

Il se place à l'entrée « solaire » du régulateur. Il doit être calibré à une valeur légèrement supérieure à l'intensité de court-circuit du panneau ou du champ solaire. Il n'a pas de fonction de sécurité, puisqu'il ne réagira pas à la mise en court-circuit des panneaux, mais par contre est très utile pour couper l'alimentation solaire lors des contrôles ou de la maintenance.

Fusible CC du régulateur (2) :

Il se place à la sortie de la borne positive + de la batterie du régulateur, et protège celui-ci contre le courant de la batterie en cas de défaut. Il doit être calibré à la même valeur que l'intensité maximale à la sortie « consommateurs ».

Coupe circuit (3) :

Il se place en amont des fusibles ou des disjoncteurs. Cela signifie qu'il se trouve sur la ligne électrique avant les dispositifs de protection. En cas d'intervention sur le système ou de besoin d'urgence, le coupe-circuit peut être utilisé pour couper complètement l'alimentation électrique, ce qui empêche le courant de circuler dans le système.

L'interrupteur-disjoncteur AC des consommateurs (4) :

Il se place à la sortie « consommateurs » du régulateur et permet d'isoler le circuit consommateurs en cas de défaut, d'intervention ou de maintenance, sans couper en même temps la charge solaire de la batterie.

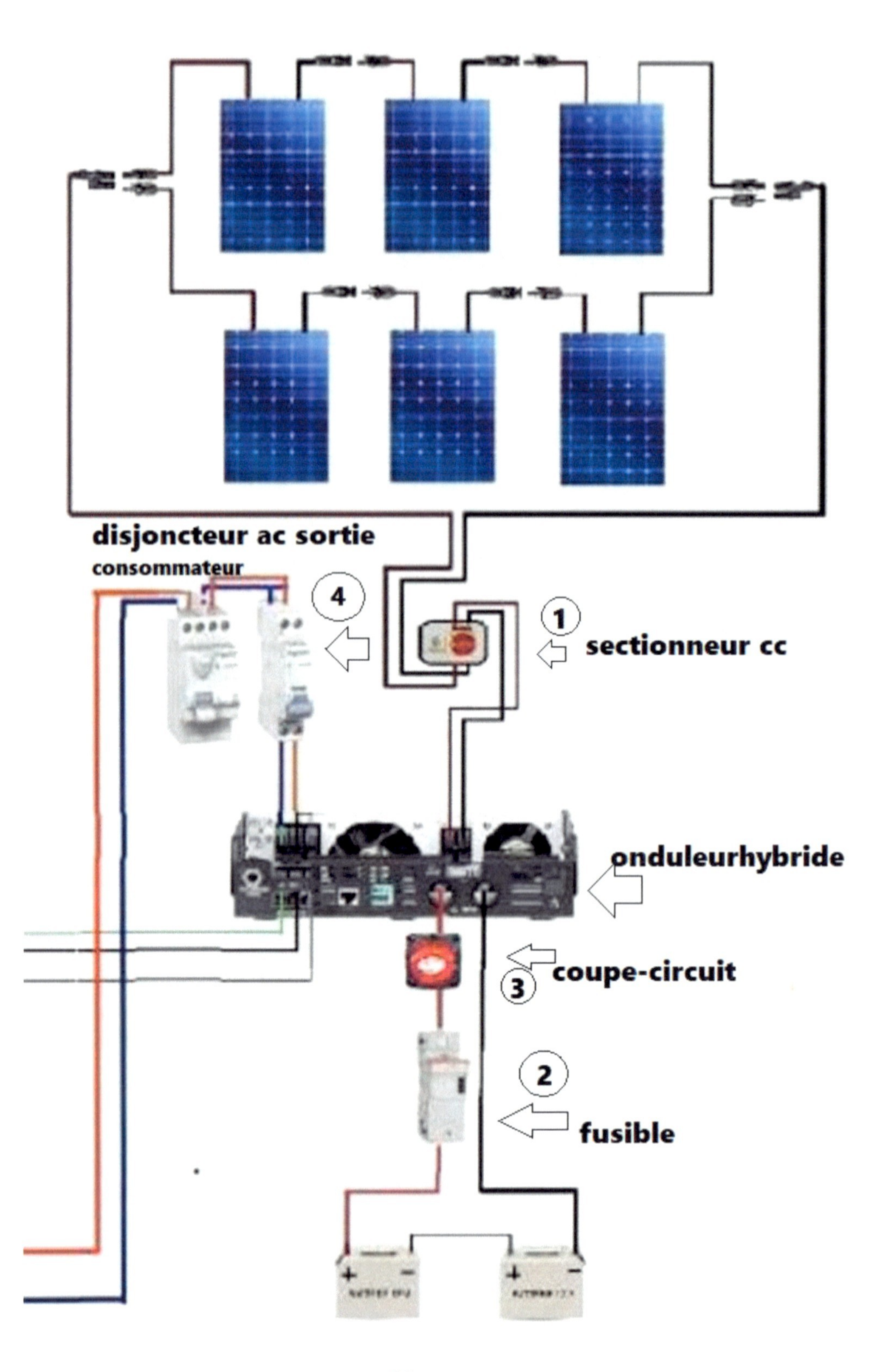
disjoncteur ac sortie
consommateur
4
1
sectionneur cc
onduleurhybride
coupe-circuit
3
2
fusible
+
-
+
-

Des boîtiers tout-en-un existent :

Ci-dessous, un sectionneur CC des panneaux associé à un parafoudre.

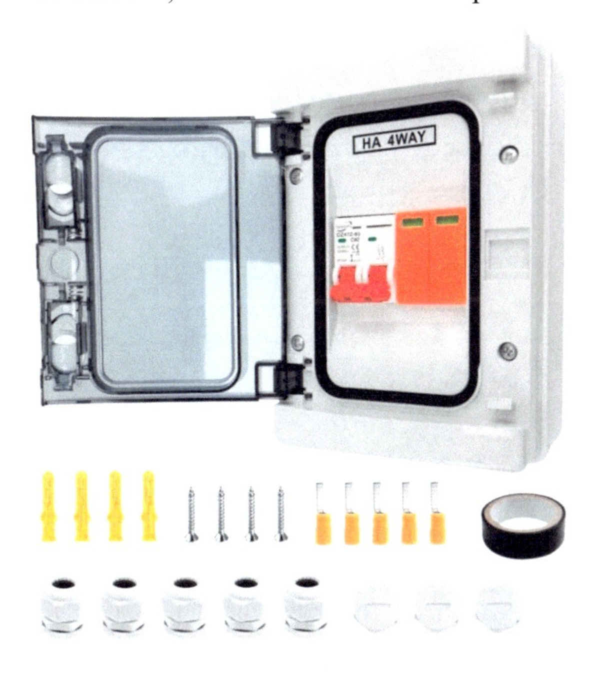

Ci-dessous, un schéma d'un câblage de sectionneur simple sans parafoudre :

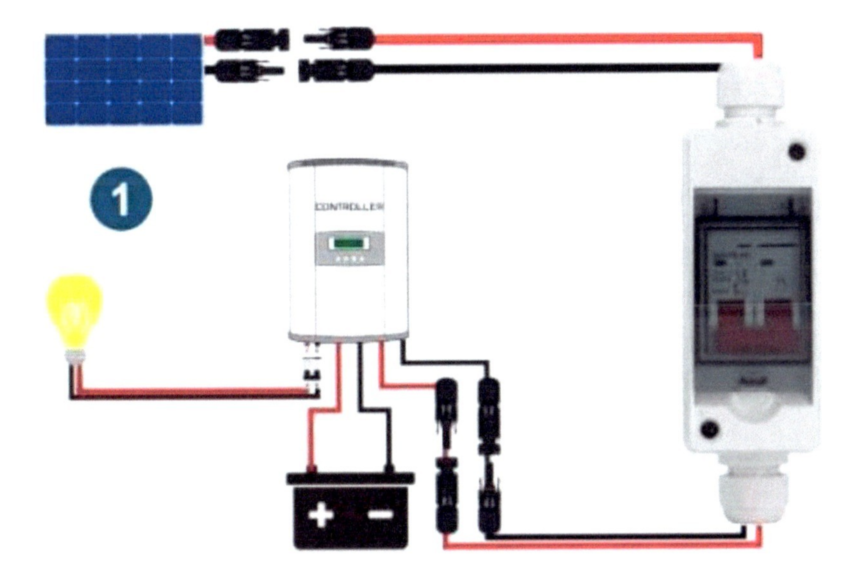

Le fusible CC

Celui-ci est destiné à protéger l'entrée CC du convertisseur. Bien souvent, ces derniers possèdent déjà un fusible interne, mais peu accessible, et comme il n'est pas recommandé d'ouvrir ces appareils en cas de défaut, il vaut mieux placer un fusible externe à l'entrée CC. Il doit être calibré à la valeur maximum du courant d'entrée, exprimé en Ampère (A) du convertisseur, soit I(A) = P(W) /U(V)

Chapitre 2 :

Sélection du site et préparation

Évaluation de l'Emplacement

- **Analyse de l'Ensoleillement :** La quantité d'énergie solaire reçue par un site est déterminante pour le rendement du système. Nous examinons comment évaluer l'ensoleillement en fonction de l'emplacement géographique, de l'orientation et de l'inclinaison des panneaux solaires.

- **Ombrage :** L'ombrage peut réduire considérablement la production d'énergie. Vous apprendrez comment identifier et évaluer les sources d'ombrage potentielles, telles que les arbres, les bâtiments ou d'autres obstacles, et comment les minimiser.

- **Climat Local :** Le climat de la région joue un rôle clé. Nous discutons de l'influence des conditions locales sur la production d'énergie climatique et comment les systèmes photovoltaïques peuvent être adaptés en conséquence.

Sélection de l'Emplacement

- **Emplacement des Panneaux Solaires :** Nous examinons les meilleures pratiques pour choisir l'emplacement des panneaux solaires. Cela inclut des considérations telles que l'orientation et l'inclinaison pour optimiser la production d'énergie.

- **Emplacement du matériel de conversion et batterie :** Où placer le matériel ? avantages et inconvénients

Évaluation de l'Emplacement

Analyse de l'Ensoleillement

L'analyse de l'ensoleillement est une étape fondamentale dans le processus de planification et d'installation d'un système photovoltaïque. La quantité d'énergie solaire reçue par un site est un facteur déterminant pour la performance et le rendement du système. Voici en détail comment effectuer cette analyse

Emplacement Géographique

- **Latitude** : La latitude est la distance en degrés nord ou sud de l'équateur. Elle a un impact significatif sur l'intensité de l'ensoleillement que votre site recevra. En général, plus vous vous éloignez de l'équateur, plus les saisons et les heures d'ensoleillement varient. Les endroits plus proches de l'équateur bénéficient d'une exposition solaire plus constante tout au long de l'année, tandis que les régions plus éloignées de l'équateur connaissent des variations saisonnières plus prononcées.
- **Longitude :** La longitude fait référence à la position est-ouest d'un site par rapport au méridien de référence (généralement le méridien de Greenwich). Elle peut influencer les heures d'ensoleillement, car la Terre tourne d'ouest en est. Cependant, la variation due à la longitude est généralement moins importante que celle due à la latitude.
- **Altitude :** L'altitude par rapport au niveau de la mer peut également affecter l'ensoleillement. Les sites en haute altitude peuvent recevoir un ensoleillement plus intense, car l'air est généralement plus clair et moins dense, ce qui réduit la diffusion de la lumière solaire.
- **Effet de l'Environnement :** L'environnement immédiat du site, y compris la topographie (la configuration du terrain), les obstacles comme les montagnes, les arbres ou les bâtiments, peuvent avoir un impact sur la quantité d'ensoleillement reçue. Par exemple, une

vallée peut avoir moins d'heures d'ensoleillement direct par jour que le sommet d'une colline.

- **Variations Saisonnières :** La latitude influence également les variations saisonnières de l'ensoleillement. Aux latitudes plus élevées, les saisons sont plus marquées, avec des jours d'été plus longs et des jours d'hiver plus courts. Ces variations saisonnières doivent être prises en compte lors de la conception du système pour garantir un rendement optimal toute l'année.
- **Données d'Ensoleillement :** Les agences météorologiques et les organisations de recherche fournissent des données d'ensoleillement historiques pour différentes régions. Ces données sont précieuses pour évaluer le potentiel solaire de votre site. Elles comprennent souvent des mesures telles que l'ensoleillement quotidien moyen, l'ensoleillement annuel moyen, et d'autres statistiques utiles.

Utilisation d'outil de simulation

Il existe de nombreux logiciels solaires, pour ma part j'ai utilisé l'application *"La Trajectoire du Soleil"*. Cette application utilise la réalité virtuelle, votre position avec Google Maps et votre appareil photo pour vous indiquer la trajectoire du soleil.

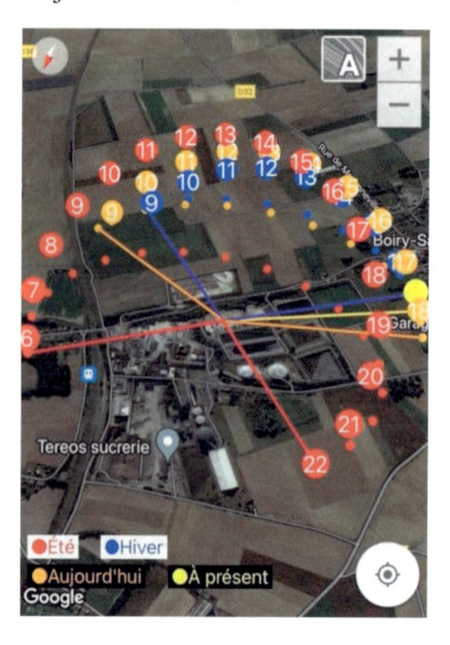

La trajectoire en été et en hiver, ainsi que l'emplacement du soleil actuel, sont vraiment des atouts majeurs dans la planification de votre installation pour mettre en évidence les obstacles au soleil tels que les arbres, les maisons, etc.

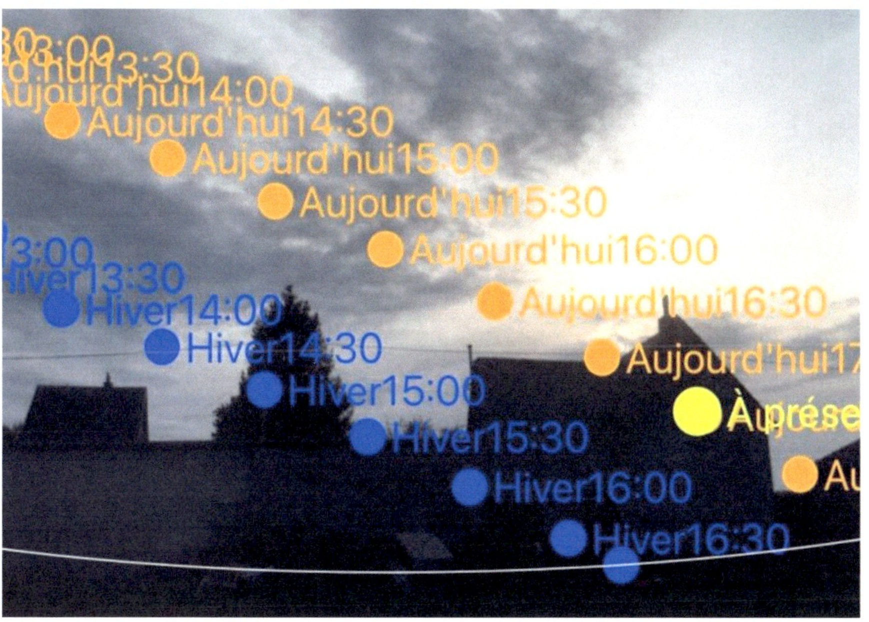

Sélection de l'Emplacement :

Maintenant que vous avez les outils et en connaissez le fonctionnement, il est temps de trouver l'emplacement approprié pour vos panneaux solaires.

Orientation Optimale :

L'objectif de l'orientation des panneaux solaires est de maximiser l'exposition au soleil tout au long de la journée et de l'année. L'orientation optimale dépend de votre emplacement géographique. Les principes de base sont les suivants :

- Dans l'hémisphère nord : Les panneaux solaires doivent être orientés vers le sud. Cela signifie que les panneaux sont inclinés vers le sud et font face au soleil en permanence, en suivant sa trajectoire apparente dans le ciel.
- Dans l'hémisphère sud : Les panneaux solaires doivent être orientés vers le nord pour un suivi optimal du soleil.

Inclinaison Correcte :

En plus de l'orientation nord-sud, l'inclinaison des panneaux solaires est importante. L'angle optimal dépend de la latitude du site. Les panneaux inclinés vers l'équateur (environ 30 degrés dans l'hémisphère nord) sont généralement efficaces pour maximiser l'ensoleillement tout au long de l'année. Cependant, l'inclinaison peut être modifiée pour améliorer la performance saisonnière. Par exemple, une inclinaison plus faible peut être utilisée en été pour maximiser la capture du soleil plus haut dans le ciel.

Tracking Solaire :

Les systèmes de suivi solaire sont conçus pour ajuster constamment l'orientation des panneaux pour suivre la trajectoire du soleil dans le ciel. Ils peuvent être à un axe (suivant le mouvement apparent du soleil d'est en ouest) ou à deux axes (suivant le mouvement en élévation et en azimut). Ils peuvent améliorer la production d'énergie de manière significative, mais ils sont plus coûteux et complexes que les systèmes à orientation fixe.

Contraintes du Site :

Les contraintes physiques du site, telles que l'espace disponible, la présence d'obstacles, et les réglementations locales, peuvent limiter l'orientation optimale des panneaux solaires. Dans de tels cas, des compromis peuvent être nécessaires pour optimiser la performance dans les limites des contraintes.

Saisonnalité :

L'orientation des panneaux solaires peut être équilibrée pour tenir compte des variations saisonnières de l'ensoleillement. Cela peut inclure un réglage de l'inclinaison des panneaux en fonction de l'angle du soleil dans le ciel pour maximiser la production d'énergie pendant les mois d'hiver ou d'été.

Les choix vont donc concerner en premier lieu la possibilité d'installer des panneaux :

- l'espace (car les panneaux solaires prennent de la place lorsqu'ils sont mis côte à côte),
- l'orientation (l'idéal serait au sud),
- les obstacles au soleil."

Pose sur un toit :

La pose de panneaux solaires sur un toit est l'une des méthodes les plus courantes pour l'installation de systèmes photovoltaïques résidentiels et commerciaux.

Avantages :

Utilisation de l'Espace Existant : La pose sur un toit permet d'utiliser l'espace existant, ce qui est idéal pour les propriétaires qui ne disposent pas de beaucoup de terrain supplémentaire.

Gain d'Espace : La pose sur un toit libère de l'espace au sol pour d'autres utilisations, telles que les jardins ou les parcs de stationnement.

Esthétiquement Discret : Les panneaux solaires sur un toit sont généralement bien intégrés à la structure du bâtiment et ne sont pas visibles de la rue, ce qui est apprécié pour des raisons esthétiques.

Meilleure Inclinaison : Les toits peuvent souvent être inclinés à l'angle optimal pour maximiser l'exposition au soleil.

Inconvénients :

Ombre Potentielle : Les obstacles tels que les cheminées, les ventilateurs, les antennes et les arbres peuvent créer de l'ombre sur les panneaux solaires, en relation avec la production d'énergie.

Oblige à Suivre la Pente du Toit : Les panneaux solaires doivent suivre la pente du toit, ce qui peut ne pas toujours être idéal pour maximiser l'efficacité.

Installation Potentiellement Complexe : L'installation sur un toit peut être plus complexe et nécessiter plus de temps que l'installation au sol.

Le nettoyage : il peut s'avérer difficile et dangereux d'accéder au toit, lorsqu'il aura neigé par exemple.

Pose au Sol :

La pose de panneaux solaires au sol consiste à les installer sur des structures de montage spéciales sur le sol, souvent dans des zones adjacentes au bâtiment principal.

Avantages :

Optimisation de l'Orientation : Les panneaux solaires au sol peuvent être orientés et inclinés de manière à maximiser l'ensoleillement tout au long de la journée et de l'année.

Réduction de l'Ombre : En éloignant les panneaux des obstacles potentiels, l'ombre est réduite, ce qui permet une production d'énergie plus constante.

Maintenance Facilité : Les panneaux solaires au sol sont plus faciles d'accès pour l'entretien et le nettoyage.

Inconvénients :

Besoin d'Espace Supplémentaire : La pose au sol nécessite une quantité significative d'espace au sol, ce qui peut ne pas être disponible dans toutes les propriétés.

Coût Supplémentaire : Les structures de montage au sol, la fondation et les travaux de préparation peuvent entraîner des coûts supplémentaires par rapport à la pose sur un toit.

Visibilité : Les panneaux solaires au sol sont généralement plus visibles que ceux sur un toit, ce qui peut affecter l'esthétique du site.

Emplacement du matériel de conversion et des batteries :

Où placer l'onduleur hybride ou le mppt et onduleur ?

- **À l'intérieur :** L'onduleur peut être installé à l'intérieur de votre maison, généralement dans un endroit comme le garage, le sous-sol ou une plaque électrique. Cela offre une protection contre les intempéries et une facilité d'accès pour la maintenance.
- **À l'extérieur :** Certains onduleurs sont conçus pour être installés à l'extérieur, ce qui peut économiser de l'espace intérieur. Cependant,

cela nécessite une protection contre les éléments, comme un boîtier étanche, pour éviter les dommages.

Considérations :

- **Distance entre les panneaux et l'onduleur :** Une distance importante entre les panneaux solaires et l'onduleur peut entraîner des pertes d'énergie en raison de la résistance électrique dans les câbles. Il est préférable d'installer l'onduleur aussi près que possible des panneaux solaires.
- **Facilité d'accès :** L'emplacement de l'onduleur doit permettre une maintenance facile. Il doit être accessible pour le dépannage ou les réparations si nécessaire.
- **Protection contre les intempéries :** Si l'onduleur est installé à l'extérieur, il doit être protégé des intempéries, de l'humidité et des variations de température.

Où placer les batteries ?

À l'intérieur de la Maison :

L'installation des batteries à l'intérieur de la maison est courante pour de nombreuses raisons :

- **Protection contre les intempéries :** Les batteries sont sensibles aux variations de température, en particulier aux températures extrêmes. Les garder à l'intérieur les protège des intempéries.
- **Durée de vie prolongée :** Les conditions de température stables à l'intérieur de la maison peuvent contribuer à prolonger la durée de vie des batteries.
- **Facilité d'accès :** Les batteries installées à l'intérieur sont généralement faciles d'accès pour la maintenance et le remplacement si nécessaire.

- **Réduction des pertes d'énergie :** Les pertes d'énergie dans les câbles entre les panneaux solaires, l'onduleur et les batteries sont minimisées lorsque les batteries sont à proximité de l'onduleur.

À l'extérieur dans un abri spécifique :

Si vous n'avez pas d'espace intérieur approprié ou si vous préférez installer les batteries à l'extérieur, vous pouvez utiliser un abri spécialement conçu pour les protéger des intempéries. Cet abri doit être résistant à l'eau, à la chaleur et au froid pour assurer la sécurité et la durabilité des batteries.

Boîtier de batterie extérieur : Certains systèmes de batteries sont fournis avec des boîtiers extérieurs conçus pour résister aux éléments. Ils sont installés à l'extérieur et offrent une protection adéquate.

Dans une structure dédiée :

Pour les systèmes de batteries de grande taille, il est parfois nécessaire de construire une structure dédiée, par exemple une petite remise ou un local technique, pour abriter les batteries. Cette structure doit être conçue pour répondre aux besoins spécifiques des batteries, y compris la ventilation et la sécurité.

Considérations importantes :

- **Ventilation :** Les batteries dégagent de la chaleur pendant leur fonctionnement, il est essentiel de prévoir une ventilation adéquate pour éviter la surchauffe.
- **Sécurité :** Les batteries doivent être sécurisées pour empêcher tout accès non autorisé, car elles contiennent des composants électriques dangereux.
- **Connexions électriques :** Assurez-vous que les câbles et les connexions électriques sont correctement dimensionnés et protégés pour éviter les risques de court-circuit ou d'incendie.

Chapitre 3 :

Conception du système

Calcul de la charge électrique

En vie autonome, connaître la consommation en watts des appareils est un élément crucial dans l'économie d'énergie. Déterminer leur consommation permettra de créer une installation solaire adaptée.

Qu'est-ce qu'un Watt ?

Le watt, de symbole W, est une unité utilisée pour mesurer la puissance, ou plus précisément le flux énergétique d'un courant électrique. Celui-ci correspond au transfert d'un joule (unité de mesure de l'énergie) en une seconde.

Un joule (J) est l'équivalent d'un Watt (W) en une seconde qui est également l'équivalent d'un ampère (A) sous une tension de un volt (V).

On retrouve plus simplement cette définition sous sa forme en équation : P = U I où P représente la puissance en watt, U la tension en Volt, et I l'intensité en Ampère comme indiqué ci-dessous.

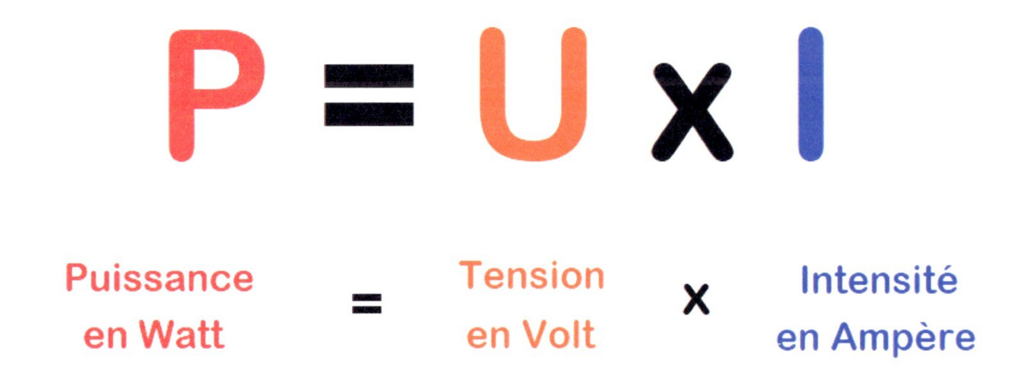

Le watt est une unité omniprésente dans notre vie quotidienne. Tous nos appareils électriques et électroniques la mentionnent.

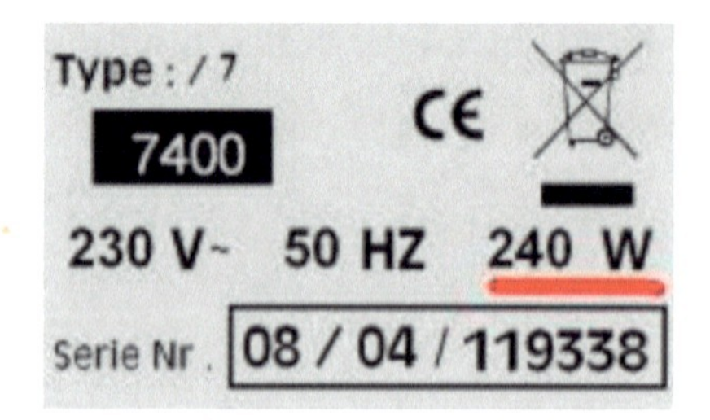

Celui-ci donne un ordre de puissance à nos appareils, ainsi qu'un indice sur leur consommation électrique.

Dans le cadre d'une autosuffisance électrique, ou pour faire des économies, le watt et tous ses dérivés sont d'autant plus importants à appréhender. Lorsque l'énergie est une denrée limitée, il est indispensable de savoir calculer la consommation de ses appareils, sa consommation générale ainsi que son alimentation disponible.

Quelle différence entre watt et watt heure (Wh)?

Certains appareils peuvent afficher une mesure d'énergie en watt heure (aussi écrit sous la forme attachée « wattheure »). Cela correspond tout simplement à la puissance utilisée en une heure. Watt et watt heure sont bien souvent interchangeables dans leur signification. Un appareil de 100W consomme ainsi 100Wh.

Le watt heure, ou kilowattheure (kWh) heure selon l'ordre de puissance, est également utilisé pour calculer la consommation électrique globale d'un ensemble d'appareils électriques. Par exemple, deux ampoules de 50W chacune et une glacière électrique de 100W demanderont une alimentation électrique de 200Wh (50Wh x 2 + 100Wh).

Wattheure: ordre de puissance et conversion

Unité de mesure	Abréviation	Conversion
Watt-heure (Wh)	Wh	1 Wh = 1 joule (J)
Kilowatt-heure (kWh)	kWh	1 kWh = 1 000 Wh
Mégawatt-heure (MWh)	MWh	1 MWh = 1 000 kWh = 1 000 000 Wh
Gigawatt-heure (GWh)	GWh	1 GWh = 1 000 MWh = 1 000 000 kWh

Le tableau de conversion ci-dessus vous propose les ordres de puissance du wattheure et fonctionne aussi bien pour le watt. Vous pouvez y lire que :

1 kWh correspond à 1000 Wh, ou 1 kW = 1000 W

1000 MWh (mégawatt heure) est l'équivalent de 1 GWh (gigawattheure)

La consommation réelle :

Les étiquettes sur les appareils informent de leur puissance, mais attention, cela ne correspond pas forcément à la consommation réelle, la puissance de l'appareil fluctue durant son utilisation.

Je m'explique : ma bouilloire fait 2000w, mais combien ai-je réellement consommé lors de son utilisation? Comment le savoir ?

Vous pourriez avoir une valeur en calculant le temps d'utilisation et la puissance, mais tout cela resterait approximatif car trop de paramètres seraient à prendre en compte.

En autonomie, il est intéressant de connaître les valeurs de consommation exactes. Pour cela vous pouvez utiliser un wattmètre. Il mesure la consommation de l'appareil puissance minimum – maximum , Ampèrage , Voltage , temps de fonctionnement . Indispensable et accessible financièrement.

C'est avec lui que j'ai pu déterminer la consommation de mes appareils électroniques (frigo, machine à laver, ordinateur,...). Tous ont une puissance et un temps de fonctionnement qui varient. Avec lui, vous pourrez avoir une idée plus précise de la consommation réelle de vos appareils et, par conséquent, mieux comprendre vos besoins en énergie. Vous pourrez ainsi adapter plus efficacement votre capacité de batterie, votre onduleur et vos panneaux solaires.

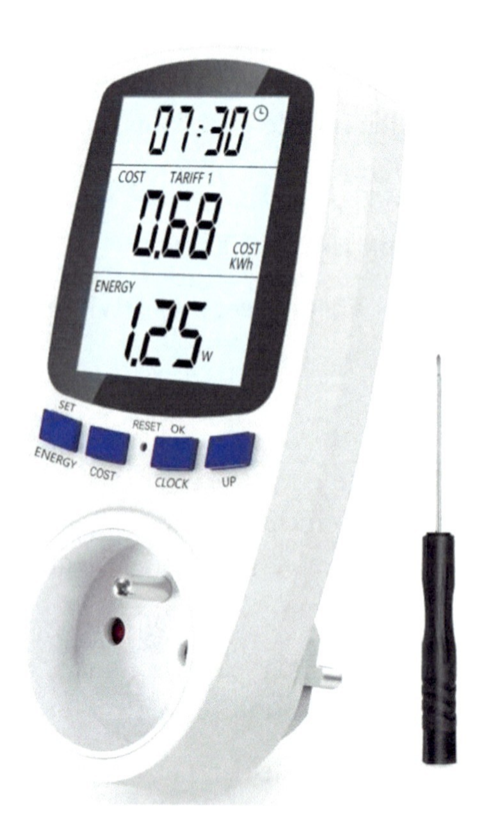

Exemple de ma consommation :

Petit frigo : Il demande une grosse charge au démarrage de 800 W, alors que sur l'étiquette il est écrit 60 W, mais finalement il se régule aux alentours de 35 W (selon les réglages).

Ordinateur portable (gamer) : Noté pour une puissance de 120 W, il consomme beaucoup moins. Par exemple, actuellement, je suis à 12 W en écrivant et en regardant une vidéo à 20-25 W. En ce qui concerne les jeux vidéo, les consommations varient selon les jeux, plus ou moins gourmands, entre 40 W et 100 W. Cela n'empêche absolument pas de jouer, même en hiver, contrairement aux idées reçues !

Machine à laver : Dans le cas d'une machine de 1800 W. Je lave à froid, sur un cycle de 30 minutes, ce qui réduit drastiquement la consommation. Avec un moteur brushless nouvelle génération, pas nécessairement plus cher, il n'y a pas de courroie, le moteur est directement sur le tambour, donc il tourne moins vite. Pour les cycles de mélange gauche-droite-droite-gauche, mon wattmètre m'indique 10-25 W. Au moment de l'essorage il indique 200 W, ce qui est une consommation bien plus raisonnable que les 1800w annoncés. La machine fonctionne entre 11h et 13h, même en hiver, par temps clair et pas nécessairement ensoleillé, ce qui laisse le temps après 13h de recharger la batterie au besoin.

La télévision : Cela va en rassurer plus d'un, je n'ai jamais manqué de télévision, même en me couchant très tard ! Ce n'est pas un grand format, c'est une télévision de 80 cm en LED, elle consomme 26 W, et j'y inclus la chromecast.

Le chauffe-eau : À la base, il consomme 1800 W pour une capacité de 150 litres. Les résistances sont le plus souvent reliées en triphasé, ce qui signifie 3 résistances de 600 W chacune. J'en ai retiré une, ce qui me fait une puissance de 1200 W. Plus vous retirez de résistances, plus le temps de chauffe est long, mais la consommation est moindre. Pour ma part, 1200 W me convient, et j'ai ajouté un relais pour diriger uniquement le surplus d'énergie solaire vers les résistances (une explication détaillée de mon système de chauffe-eau sera fourni plus loin).

La puissance réelle des appareils calculée, ainsi que leur temps de fonctionnement, va déterminer le choix de votre onduleur et de la capacité de vos batteries.

Calcul de capacité batterie

Pour connaître la capacité de ma batterie et les Watts que je peux lui soutirer en watt/h le calcul est simple. Il faut multiplier le voltage 12 v par le nombre d'Ampère heure (AH) donc 100 AH pour notre batterie 12x 100 = 1200 Wh soit la formule P=U X i

P étant la puissance le (Watts) (W)

U la tension (Voltage) (V)

I Intensité (l'Ampérage) (A)

Je peux en théorie utiliser 1200 W en 1 h (1200WH)

Exemple d'une consommation :

Pour une ampoule LED de 12 volt 12 watts, combien de temps puis-je m'éclairer ?

Première méthode :

Je reprends la capacité de ma batterie 1200 et je la divise par la puissance de mon ampoule 12w

1200/12=100 j'ai donc 100 h d'éclairage

Deuxième méthode :

Mon calcul se posera en premier sur l'Ampérage de la consommation, ici mon ampoule de 12 watts. Combien d'ampères consomme-t-elle ? Pour une majorité de matériel électrique souvent tout est indiqué. Pour cela une formule à utiliser $I = P/U$

Donc je divise la puissance de mon ampoule par sa tension 12w / par 12 v = 1 A

Nous partons donc sur une consommation de 1A de l'heure 1AH.

Dans les mathématiques, notre batterie devrait nous fournir 100 h (100ah) de notre ampoule qui consomme 1 Ampère heure.

En prenant compte de la décharge profonde et de la capacité d'utilisation de 50 % de la batterie plomb, vous l'avez compris, l'ampoule pourra rester allumée maximum 50 h avant que la batterie ne rentre dans sa décharge (et je parle du maximum je déconseille d'atteindre les 50 % de votre batterie)

Éviter les décharges trop profondes :

Pour cela il faut connaître son type de batterie comme cité plus haut, chaque type de batterie a une décharge profonde et une charge bien à elle , se référer à la note du constructeur si il y a.

Exemple sur une batterie plomb de 12 V :

Voltage	CHARGE
12,6+	100 %
12,5	90 %
12,42	80 %
12,32	70 %
12,20	60 %
12,06	50 %
11,09	40 %
11,75	30 %
11,58	20 %
11,31	10 %
10,05	0 %

Exemple sur batterie 48 V :

Je vais ici prendre un exemple de mon installation : j'ai des batteries de 48 V avec une capacité de 150 Ah. La nuit, ma consommation est restreinte, voire inexistante. Je ne fais tourner que mon frigo, dont la consommation varie en fonction de la température extérieure, de ses réglages, et bien sûr de sa capacité en litres. Il consomme environ 35 W en étant stable, mais pour simplifier l'exemple, je vais arrondir à 50 W. Ma box internet consomme quant à elle à peine 10 W. Donc, la nuit, je n'utilise que 60 Wh. J'y rajoute 50 Wh de consommation de mon onduleur (oui, l'onduleur de courant, en transformant le continu en alternatif, consomme du courant et chauffe, ce qui est logique). Donc, cela totalise 160 Wh, preuve cela s'accumule rapidement !

Après calcul, mes batteries à elles seules, sans recharge des panneaux, et en tenant compte de seulement 50 % de leur capacité, me permettent de faire tourner les appareils pendant 22 heures. Cela, bien sûr, sans oublier que le frigo ne tourne pas constamment.

Notons que le calcul de décharge est uniquement basé sur l'utilisation des batteries la nuit, par exemple, ou par temps extrêmement couvert en plein hiver. Cela n'arrive que très rarement, même pour moi qui habite dans le nord de la France. Il est donc nécessaire de calculer le temps de consommation la nuit, et encore plus en plein hiver (où les nuits sont plus longues), afin de déterminer la capacité nécessaire à vos besoins en ampères-heures. N'oubliez pas de diviser par 2 la capacité pour éviter les décharges profondes, et prévoyez également en cas de plusieurs jours de mauvais temps.

Cependant, pas de crainte, le jour se lève tous les matins, quoi qu'il arrive, et vos panneaux seront là pour recharger vos batteries et vous fournir tout au long de la journée votre électricité si vous avez correctement dimensionné votre système.

Le choix du contrôleur de charge, de l'onduleur et de la version hybride

Le choix du contrôleur de charge :

Tension d'Entrée Maximale : Assurez-vous que le MPPT peut gérer la tension de crête de vos panneaux solaires. Les panneaux ont une tension de crête spécifiée, et le MPPT doit être capable de la gérer.

Dans le cas où vous branchez en série plusieurs panneaux, la tension s'additionne. Par exemple, 3 panneaux de 12 V 5 A en série donneront une tension de 36 V et un courant de 5 A. Il faudra donc opter pour un MPPT capable d'accueillir une tension supérieure à 36 V en entrée et un courant de plus de 5 A. Dans ce choix, il vaut mieux surdimensionner l'installation en vue d'ajouter des panneaux ultérieurement, afin d'éviter d'avoir à en racheter un et de perdre de l'espace dans le local.

Ce chargeur ci-dessus accepte jusque 100 V des panneaux solaires et un courant de 30 Ampères. Par conséquent, pour la même configuration que l'exemple précédent, vous pourriez avoir 4 ensembles de 3 panneaux en série, chacun produisant 36 V et 20 A maximum. Vous auriez ainsi la possibilité de monter même jusqu'à 4 panneaux, voire 5, selon leur disponibilité. L'élément clé est de ne pas dépasser la tension ni l'ampérage, tout en conservant une marge de sécurité.

Il est en effet intéressant de se rapprocher autant que possible du courant autorisé en branchant les panneaux en série tout en multipliant les ensembles pour augmenter l'ampérage. Cela peut améliorer l'efficacité de la charge, notamment pendant les mois d'hiver ou par temps gris. Plus vous augmentez l'ampérage, plus vous maximisez la capacité de charge de votre système solaire, ce qui peut être essentiel pour maintenir une alimentation stable dans des conditions de faible ensoleillement. Cependant, il est important de respecter les limites de tension et d'ampérage spécifiées par votre chargeur solaire ou votre régulateur MPPT, et de toujours garder une marge de sécurité pour éviter tout problème lié à une surcharge.

Le choix du MPPT se fera également selon la tension de batterie, 12/24 ou 48 volts. Concernant l'exemple si dessus, ce MPPT accepte des batteries de tensions équivalentes à 12 ou 24 volts.

Une multitude de contrôleurs de charge existent, à des prix différents, aux tensions de batterie variables.

Choix de l’onduleur :

Capacité de Puissance :

L'une des premières considérations est la capacité de puissance de l'onduleur.

Comme cité précédemment, vous avez calculé la puissance totale de vos appareils électroniques lorsqu'ils sont tous branchés en même temps. À partir de ces calculs, votre choix se portera sur un onduleur de 300/600/1000 W pour des configurations plus petites, tel qu’un camion aménagé ou un camping-car, ou bien de 2000/3000/5000 W pour des plus grosses installations...

N'oubliez pas les pics d'intensité.

Rappelez-vous, mon réfrigérateur consomme généralement 35 W, mais que le pic de démarrage du moteur atteint 800 W. Pour alimenter uniquement ce petit réfrigérateur, il vous faudra un onduleur de 1000 watts pour compenser ce pic pour maintenir une marge acceptable.

La sinusoïdale :

Le choix se portera sur du pur sinus.

Choix de l'onduleur hybride :

Le choix se fera de la même manière que pour le MPPT et l'onduleur. Il sera moins cher que les deux séparément, et pour la plupart des cas, il offrira une capacité de tension élevée avec un cadran comprenant toutes les indications de tension, d'ampérage et de différents réglages. De plus, il offrira la possibilité d'une entrée pour un groupe électrogène ou une entrée pour le réseau local.

Ci-dessous, photographie des références de mon onduleur hybride.

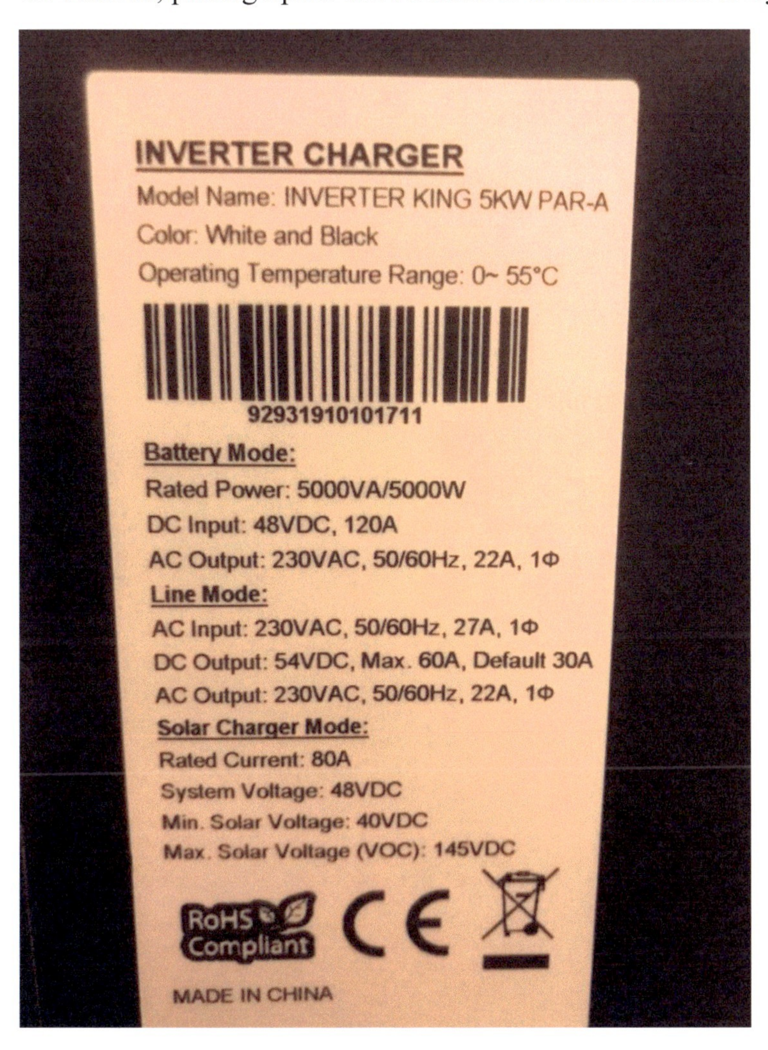

Le choix des panneaux :

il va se porter sur :

- les critères de votre emplacement

- la tension acceptée par votre MPPT ou par votre onduleur hybride

Si j'ai comme si dessus un hybride qui accepte un courant de 145 v et 80 A, je vais chercher des panneaux avec une tension qui se rapproche de cette limite pour une meilleure efficacité. Un branchement en série de 2/3/4 panneaux sera nécessaire pour me rapprocher de cette tension en gardant une marge, j'ai pour ma part des panneaux de 42 v 15A.

42x3= 126 volts et 15 Ampères

je peux donc installer 4 x 3 panneaux, mon ampérage sera de 60 A, me laissant une bonne marge de sécurité.

Montage en série et parallèle :

Les montages en série :

Comme le nom l'indique c'est une série de panneaux reliés entre eux.

Exemple :

2 panneaux solaires en série de 12 volts - 5 Ampères vous augmenteront le voltage à 24 volts - 5 ampères

3 panneaux 12v - 5A : 36 V - 5A

ect …

Afin de brancher des panneaux solaires en série, vous devez raccorder la borne «+» à la borne «-».

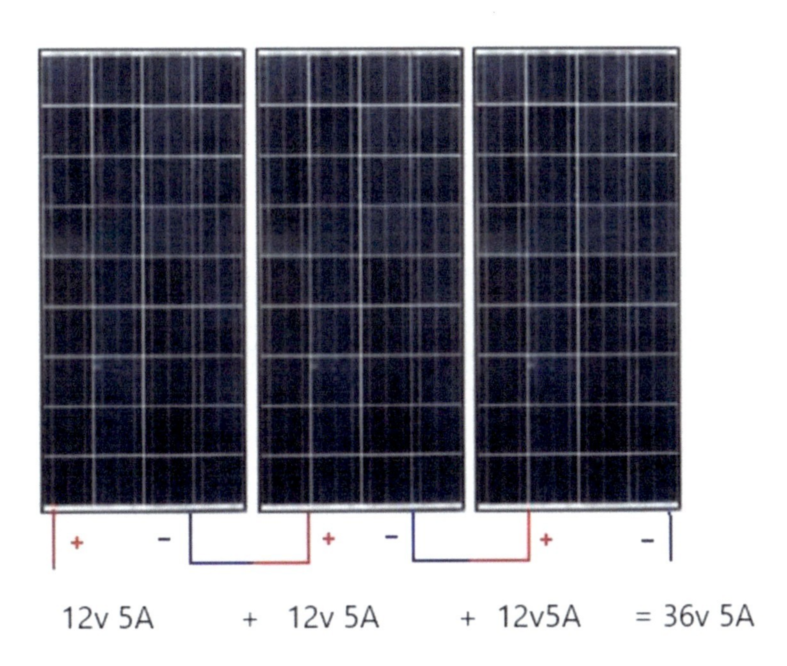

Montage en parallèle :

Cela va augmenter l'Ampérage mais maintiendra le Voltage. Différents matériels sont faits pour un Ampérage précis (exemple maximum 120v 60 A) qui ne doit pas être dépassé au risque d'endommager le matériel.

Exemple :

2 panneaux de 12 v - 5 A vous donneront 12 v - 10A

3 panneaux de 12v - 5A vous donneront 12 v - 15A

ect …

Afin de brancher des panneaux solaires en parallèle, vous devez raccorder les deux bornes « + » entre elles et les deux bornes « - » entre elles.

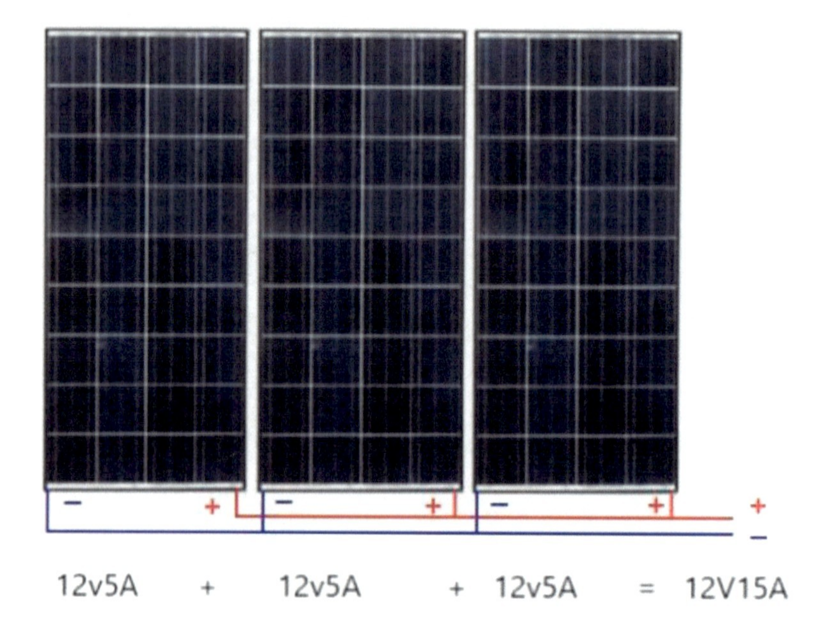

Montage hybride série parallèle :

Ce montage vous permet de mixer les deux avantages pour pouvoir augmenter la puissance de l'installation sans dépasser le Voltage mais en augmentant son Ampérage. Si votre contrôleur de charge n'accepte que maximum du 40 V – 15A, juste a titre d'exemple, vous ne pouvez pas rajouter un panneau en série de vos 3 existants puisque la tension sera trop élevée 4x12 = 48 V, mais vous pouvez ajouter 3 autres panneaux en parallèle pour faire 2 fois 3x12 pour retrouver vos 36 V à condition de ne pas dépasser la puissance (watts) maximum autorisée par votre contrôleur de charge (400wc).

Ci-dessous : 36v x 5 A = 180 Wc x 2 = 360 wc donc deux séries de 3 panneaux en parallèle peuvent être adaptées à ce contrôleur. C'est un exemple, si vous voulez une installation plus grande il faudra un contrôleur plus gros et à vous de mixer vos panneaux, leur nombre et leur tension.

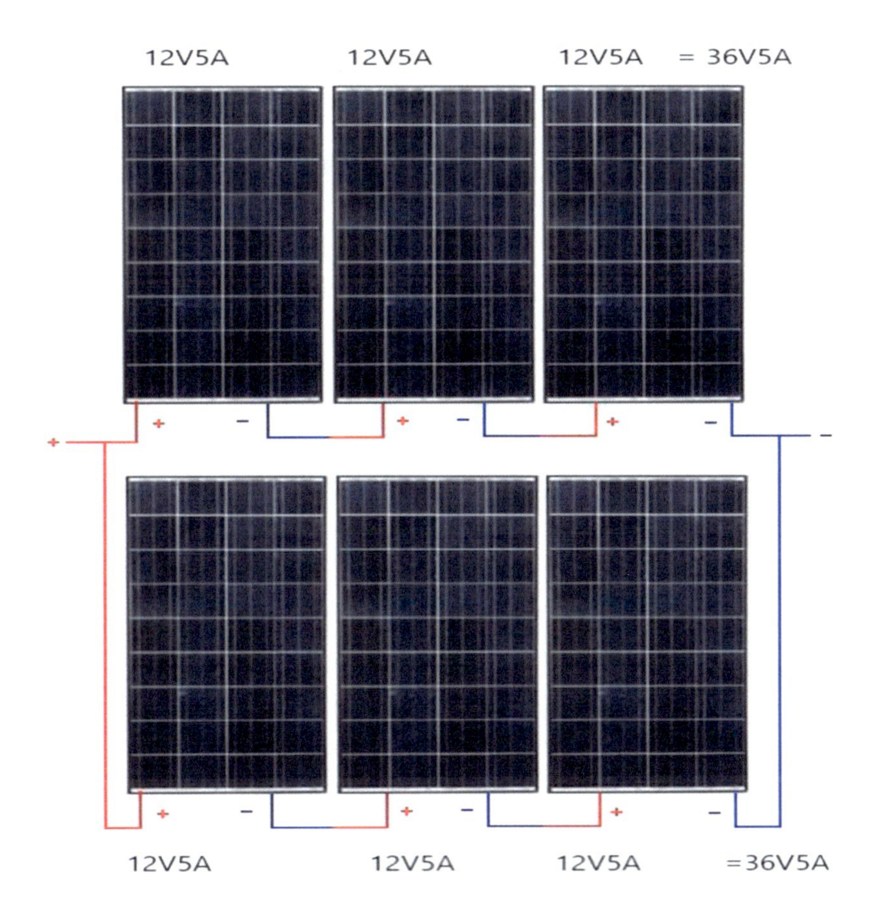

puissance du montage : 36V X (5A+5A) = 36V x 10A = 360Wc

Les montages de batterie :

En série :

Sur le même principe, deux batteries de 12 V – 100Ah donneront du 24 V - 100Ah

4 batteries de 12 V donnerons du 48 V - 100AH

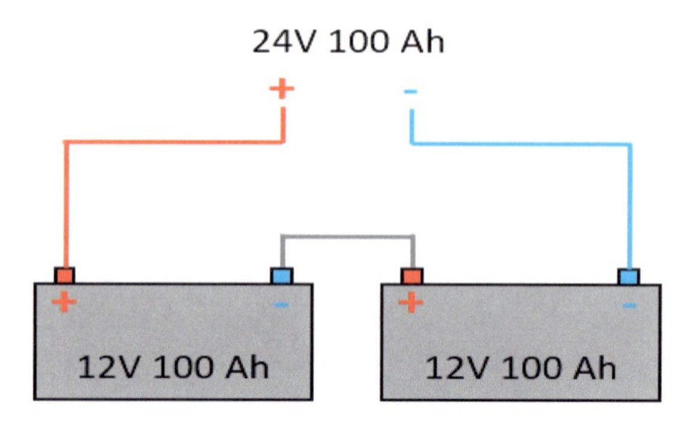

BRANCHEMENT EN SERIE
Les tensions s'additionnent

En parallèle :

2 batteries de 12 V - 100AH donneront 12 V - 200AH

4 batteries de 12 V - 100AH donneront 12 V - 400AH

Il est déconseillé de mettre plus de 4 batteries en parallèle. Si vous souhaitez augmenter la taille de votre parc batterie, choisissez des batteries plus grosses, passez de 100Ah à 200Ah par exemple.

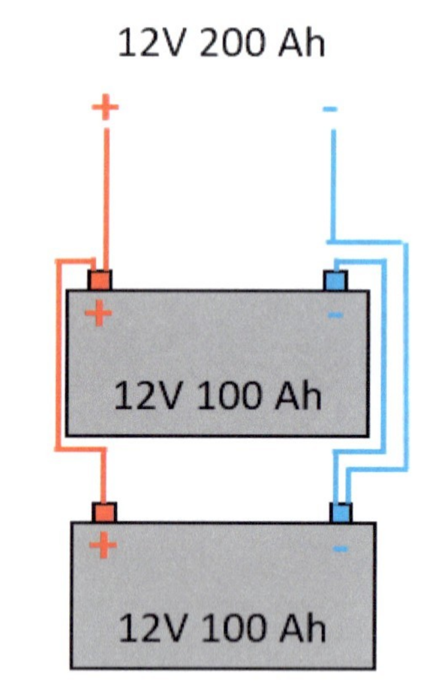

BRANCHEMENT EN PARALLELE
Les intensités s'additionnent

Montage série-parallèle :

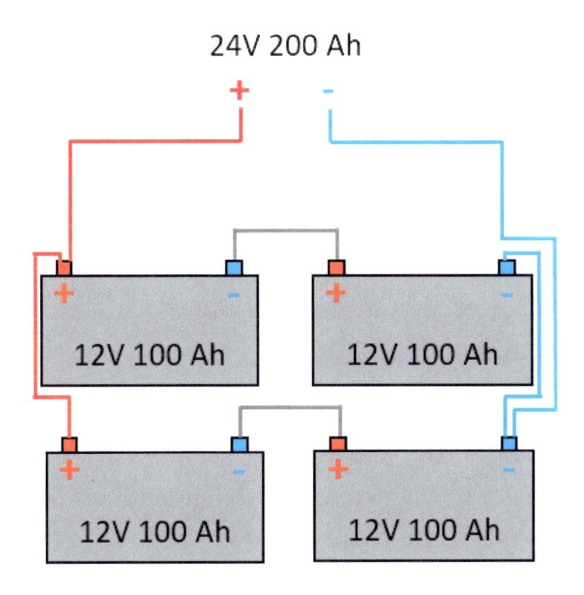

IMPORTANT:

Veillez à ce que vos batteries soit identiques, récentes, achetées au même moment et non déchargées avant de réaliser une mise en série ou en parallèle. Cela permettra de garantir une efficacité optimale.

Avant toute opération, contrôlez vos batteries pour savoir si elles ont une tension similaire, une fois branchées il faut attendre environ 24 h pour que leur tension se stabilise entre elles avant la mise en route de votre installation.

Égalisateur de batteries :

Peu connu encore dans le milieu, un égaliseur de batterie peut être une très bonne alternative au vieillissement des batteries.

Un égaliseur de tension de batterie est un dispositif conçu pour équilibrer la charge entre les batteries d'un parc de batteries. Dans un système photovoltaïque, plusieurs batteries sont souvent connectées en série ou en parallèle pour augmenter la capacité de stockage de l'énergie solaire produite. Cependant, avec le temps, les batteries peuvent se déséquilibrer en termes de tension, ce qui peut entraîner une diminution de la durée de vie et des performances globales du système.

Le rôle principal d'un égaliseur est de surveiller en permanence la tension de chaque batterie et de s'assurer que toutes les batteries restent à un niveau de tension équivalent. Lorsqu'une cellule ou une batterie atteint une tension plus élevée ou plus basse que les autres, l'égaliseur intervient pour rééquilibrer les tensions.

Le processus d'équilibrage peut se faire en transférant une petite quantité de charge de la cellule ou de la batterie surchargée vers la cellule ou la batterie sous-chargée, de manière à ce que toutes les cellules ou batteries atteignent une tension de consigne similaire. Cela permet de maximiser la durée de vie des batteries et d'optimiser les performances du système.

En résumé, un égaliseur de tension de batterie est un composant crucial dans les systèmes solaires photovoltaïques qui utilisent des batteries, car il garantit que toutes les cellules ou batteries restent à un niveau de tension équivalent, contribuant ainsi à une utilisation plus efficace de l' énergie stockée et à une durée de vie prolongée des batteries.

Pour faire court, si une batterie sur 4 commence à perdre de la tension, cette tendance va persister et s'aggraver avec le temps, créant un déséquilibre de plus en plus marqué au sein du système. Cela entraînera la détérioration de toutes les batteries, notamment la capacité de stockage globale. Il ne s'agit donc pas uniquement de remplacer une seule batterie, comme mentionné précédemment, mais plutôt de devoir changer l'ensemble du parc de batteries, ce qui peut avoir un impact significatif sur le porte-monnaie.

Note :

Il est important de préciser qu'avoir un parc batterie disproportionné n'est pas utile si vous n'avez pas la capacité de rechargement solaire suffisante.

La peur du manque peut pousser beaucoup de personnes à surdimensionner leurs batteries au détriment des panneaux, et comme expliqué précédemment, le risque est de pousser ces batteries en décharge profonde si vous n'avez pas la capacité de recharger ce parc chaque jour. Durant les périodes hivernales où l'ensoleillement est court, voir inexistant, progressivement vos batteries vont se décharger.

Il est donc essentiel de dimensionner correctement le parc batterie par rapport à la consommation. Envisager davantage de panneaux est préférable, cela augmente les chances de recharge.

Détail non négligeable, il est moins coûteux d'investir dans des panneaux que dans des plus grosses batteries.

Chapitre 4 :

L'outillage indispensable

Je vous présente ici l'outillage qui m'a permis de monter mon système solaire, sans compter les perceuses et autres vis, vous trouverez ce qui est essentiel pour le solaire.

Pince coupante :

Une bonne pince qui coupe, même de grosses sections,est indispensable en haut de la chaîne de l'outillage.

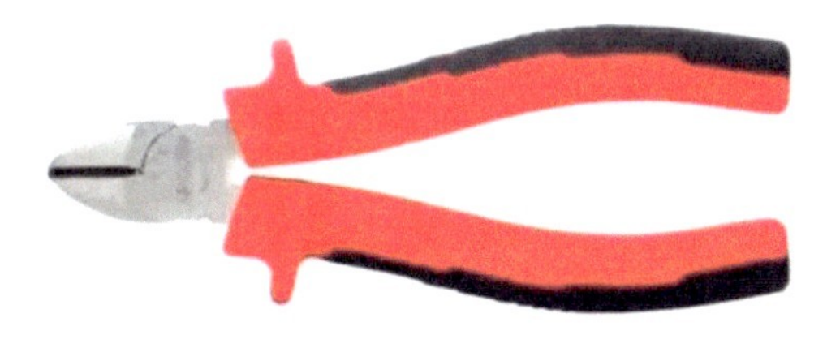

Multimètre :

Pince a dénuder :

Plus rapide et moins dangereux que de dénuder au couteau les plus petites sections.

Couteau d’électricien :

Pour les plus grosses sections lorsque la gaine est vraiment épaisse, avec sa lame courbée, elle vous sera utile lorsque la pince à dénuder ne peut plus rien pour vous.

Pinces a sertir :

Une petite pour sertir les connecteurs MC4 et une grosse pour sertir les connecteurs de connexion.

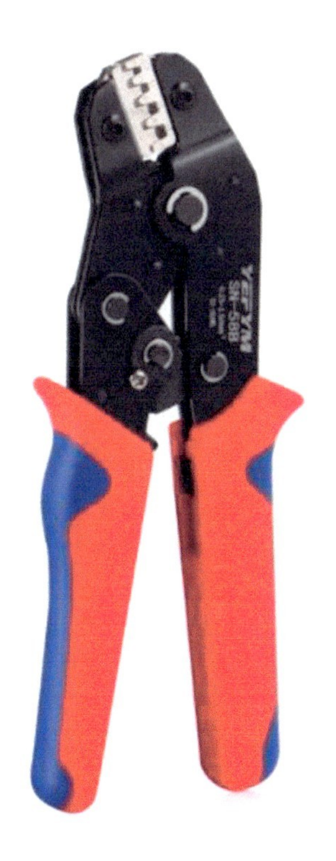

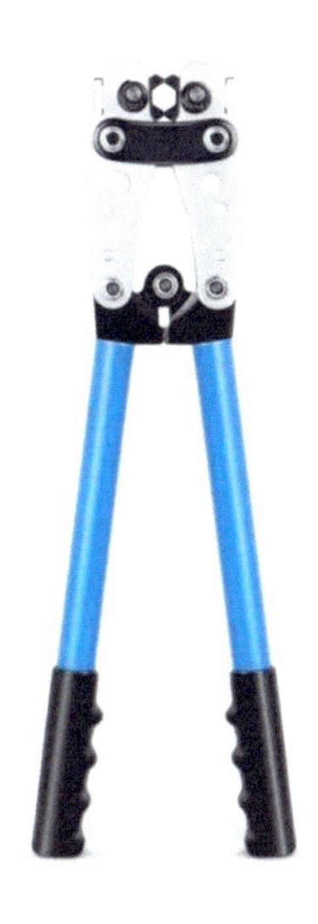

Tournevis d’électricien :

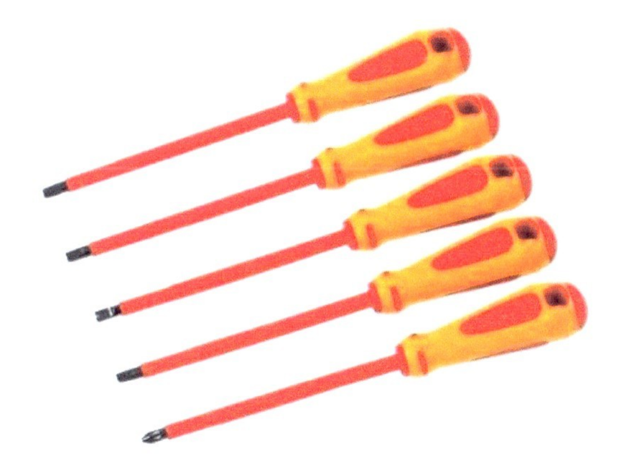

Connecteur à sertir :

Un autre indispensable pour un travail propre, durable et sécurisé.

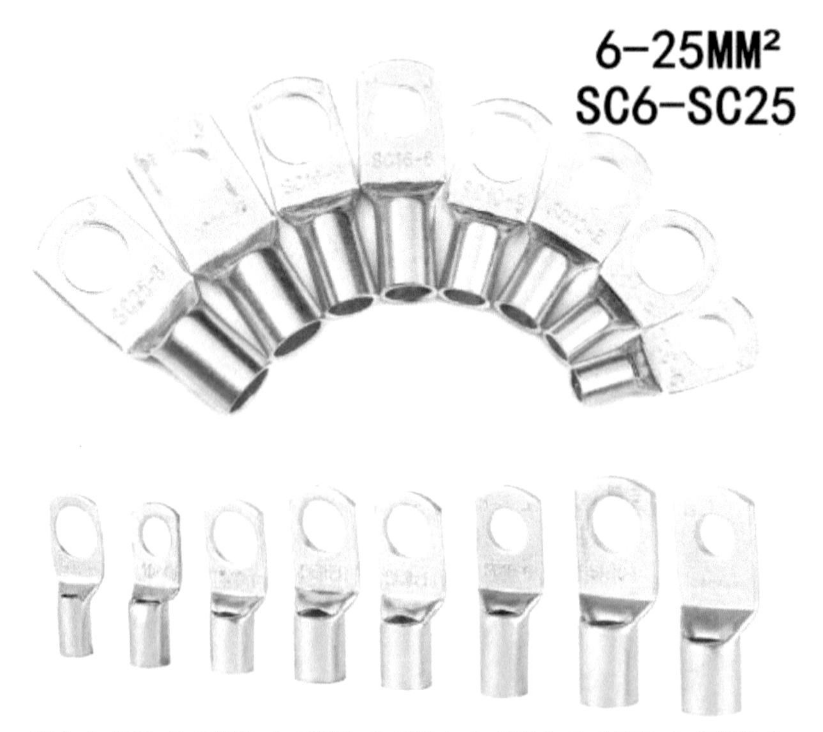

SC6-6 SC6-8 SC10-6 SC10-8 SC16-6 SC16-8 SC25-6 SC25-8
SC16-10 SC25-10

Chapitre 5 :

Installation des panneaux solaires

Toitures :

Toiture en Pente :

Les panneaux solaires sont montés sur des supports spéciaux (cela dépendra du type de toiture, exemple: tuile / bac acier ou panneaux en portrait ou paysage) fixés à la toiture inclinée du bâtiment. Cette méthode est courante pour les installations résidentielles.

Toiture Plate :

Les supports peuvent être inclinés pour s'adapter aux toits plats. Cette méthode est également utilisée pour les bâtiments commerciaux.

Systèmes au Sol :

Système de Montage au Sol :

Les panneaux sont installés sur des structures au sol. L'avantage d'être au sol est considérable en ce qui concerne l'entretien et le nettoyage, notamment dans les endroits où il y a plus de neige, permettant ainsi de la retirer plus facilement.

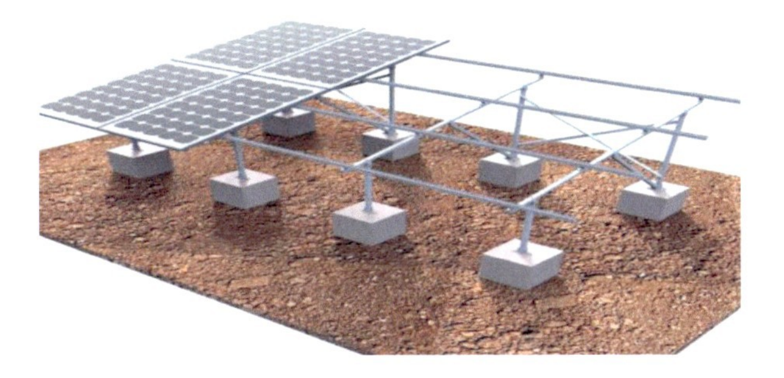

Suiveurs Solaires :

Les panneaux sont montés sur des structures qui suivent la trajectoire du soleil pendant la journée pour maximiser l'exposition solaire. Les suiveurs solaires sont plus appropriés lorsque vous n'avez pas suffisamment d'espace en extérieur ou une orientation idéale sur le toit. Le coût élevé de ce système en fait actuellement une option moins rentable que l'achat de panneaux supplémentaires si vous disposez de suffisamment d'espace, offrant ainsi un gain de rendement de 30 %.

Les fixations :

Il existe différents types, rails ou profilés en aluminium, disponibles à des prix variés, mais offrant essentiellement le même effet.

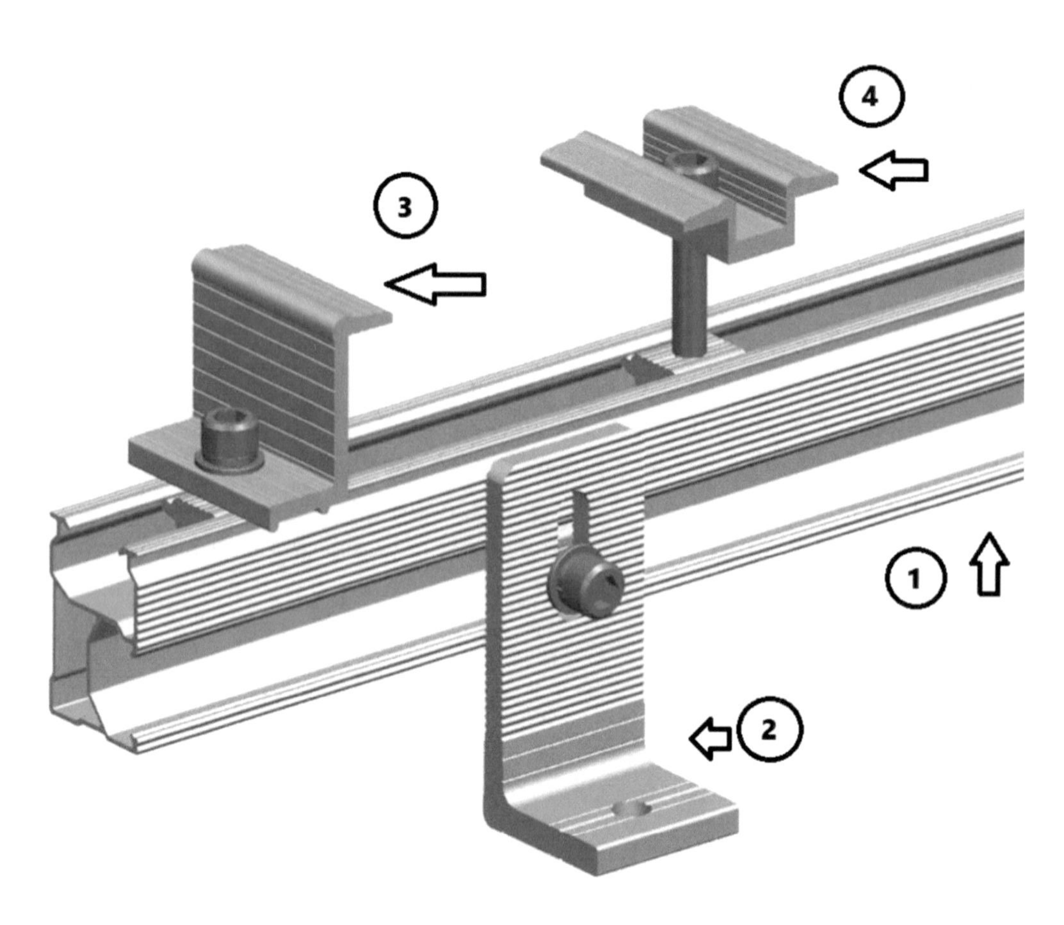

1 Rails :

Les rails sont des structures en aluminium ou en acier qui sont fixés à la structure de montage, qu'ils soient sur un toit ou au sol. Les panneaux solaires sont ensuite fixés aux rails à l'aide de pinces ou de colliers. Les rails sont conçus pour être durables, résistants à la corrosion et capables de supporter le poids des panneaux.

2 Crochets de Toit :

Les crochets de toit sont des pièces métalliques conçues pour être fixées sur la structure du toit, que ce soit des tuiles, de l'acier, de l'ardoise, etc. Ils servent de points d'ancrage pour les rails ou les supports de panneaux solaires. Les crochets de toit sont spécialement conçus pour chaque type de toit, de sorte qu'ils s'adaptent parfaitement à la structure.

3 Pinces d'Extrémité :

Les pinces d'extrémité sont utilisées pour fixer les panneaux solaires à l'extrémité des rails. Elles maintiennent les panneaux en place et les empêchent de glisser. Les pinces d'extrémité sont solidement fixées aux panneaux solaires et aux rails.

4 Pinces Intermédiaires :

Les pinces intermédiaires sont similaires aux pinces d'extrémité, mais elles sont utilisées pour maintenir en place les panneaux solaires le long des rails, entre les pinces d'extrémité. Elles garantissent que les panneaux sont correctement espacés et sécurisés.

Étapes du montage :

Étape 1 : Préparez l'emplacement de montage

Assurez-vous que la structure de support est correctement installée et fixée sur la toiture, au sol ou à l'emplacement souhaité.

Étape 2 : Préparez les panneaux solaires

Placez les panneaux solaires à proximité de la structure de montage pour les avoir à portée de main.

Assurez-vous que les panneaux sont propres et exempts de toute saleté ou débris.

Étape 3 : Positionnez les supports de montage

Fixez les supports de montage sur la structure en vous assurant qu'ils sont correctement alignés avec les rails ou les supports de fixation.

Étape 4 : Attachez les rails

Si votre système utilise des rails, fixez-les aux supports de montage. Assurez-vous que les rails sont de niveau et correctement espacés pour accueillir les panneaux solaires.

Étape 5 : Montez les panneaux solaires

Soulevez délicatement chaque panneau solaire et placez-les sur les rails ou les supports de fixation.

Fixez les panneaux aux rails ou aux supports en utilisant des attaches appropriées. Assurez-vous que les attaches ne sont ni trop serrées ni trop lâches, pour éviter d'endommager les panneaux.

Étape 6 : Connectez les panneaux

Connectez les panneaux solaires entre eux en utilisant des câbles solaires appropriés.(section de câbles)

Fixez les câbles le long des rails ou de la structure de manière ordonnée pour éviter tout enchevêtrement ou dommages, cela empêchera les frottements contre la structure.

Étape 7 : Effectuez les connexions à la terre

Étape 8 : Effectuez les connexions électriques

Connectez les câbles solaires des panneaux à l'onduleur en suivant les normes de sécurité électrique. (les batteries doivent être branchées avant les panneaux solaires)

Assurez-vous que toutes les connexions sont correctes et sécurisées.

Étape 9 : Vérifiez l'installation

Passez en revue l'ensemble de l'installation pour vous assurer que les panneaux sont correctement fixés, que les connexions électriques sont sécurisées et que tout est conforme.

Chapitre 6 :

Raccordement du système

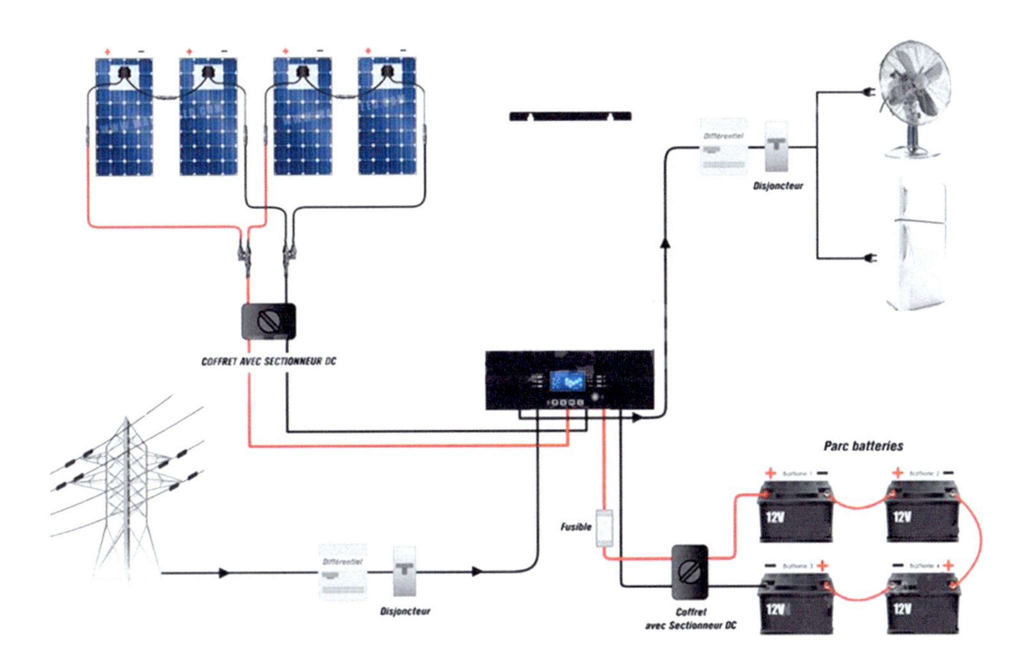

Schéma d'installation: une image vos mille mots

Batterie :

L'installation des batteries et leur branchement est l'une des premières étapes à effectuer. Le branchement de vos batteries en 24/36/48 V doit être effectué au moins 24 heures avant l'installation pour que la tension des batteries s'équilibre entre elles.

Ensuite, les pôles négatifs (-) seront reliés à votre onduleur hybride, MPPT ou barre bus (que je recommande vivement). Quant au pôle positif (+), il sera d'abord connecté à un fusible, puis du fusible au sectionneur, qui sera ensuite connecté soit à l'onduleur, soit à la barre bus.

Les panneaux :

Les panneaux sont installés et déjà connectés à votre sectionneur, qui doit rester en position "off" (vérifiez à l'aide d'un multimètre pour vous assurer qu'il n'y a effectivement plus de courant). Ensuite, le sectionneur est connecté au MPPT ou à l'onduleur hybride.

La sortie courant alternatif :

Pour la sortie, optez pour une section adaptée (n'oubliez pas de consulter le tableau des sections appropriées). Elle se raccordera directement en amont du tableau électrique, au premier disjoncteur différentiel et à ses disjoncteurs associés.

L'entrée de l'onduleur hybride :

Vous avez trois possibilités

1. Ne rien raccorder : Félicitations, vous êtes en totale autonomie solaire.

2. Brancher un groupe électrogène : Cette option vous permettra d'avoir une source d'énergie de secours.

3. Brancher l'entrée de votre fournisseur avec un disjoncteur différentiel et des disjoncteurs associés : Cela vous offrira une sécurité supplémentaire pour éviter de décharger vos batteries et de ne jamais manquer d'énergie à coup sur.

Chapitre 7 :

Entretien et sécurité

Les bonnes pratiques pour maintenir le système en bon état de fonctionnement :

Inspection Régulière : Planifiez des inspections régulières du système solaire pour repérer tout signe d'usure, de défaut ou de détérioration.

Nettoyage : Si les panneaux solaires sont vendus ou recouverts de poussière, nettoyez-les périodiquement. Un nettoyage doux à l'eau et au savon est généralement suffisant.

Vérification des Connexions : Assurez-vous que toutes les connexions électriques sont sécurisées. Vérifiez les câbles à la recherche de tout signe d'endommagement.

Entretien de la Batterie : Si vous utilisez des batteries, surveillez régulièrement leur état de charge, leur tension et leur état général.

Vérification de l'Ombre : Surveillez l'ombrage potentiel des panneaux solaires. La croissance des arbres ou des obstacles peut réduire l'efficacité du système.

Logiciels de Surveillance : Si vous disposez d'un système de surveillance, utilisez les données pour surveiller les performances. Réagissez en cas de problème.

Vérification des Fusibles et des Disjoncteurs : Vérifiez régulièrement les fusibles et les disjoncteurs pour vous assurer qu'ils fonctionnent correctement.

Protection Contre la Foudre : Assurez-vous que le système est correctement équipé pour faire face aux surtensions liées à la foudre.

Mesures de sécurité essentielles lors de l'entretien des panneaux et du système :

- **Sécurité électrique :** Lorsque vous effectuez un entretien électrique, assurez-vous que le système est hors tension. Portez les équipements de protection personnelle (EPI) si nécessaire.
- **Toit en sécurité :** Si le système est monté sur un toit, assurez-vous de suivre toutes les mesures de sécurité en hauteur, y compris l'utilisation de harnais de sécurité si nécessaire.
- **Sécurité des batteries :** Les batteries peuvent être dangereuses. Suivez les procédures de sécurité lors de leur entretien, notamment la ventilation adéquate.
- **Formation :** Si vous n'êtes pas sûr de la manière d'effectuer un entretien spécifique, envisagez de faire appel à un professionnel. Une formation adéquate est essentielle.
- **Documentation :** Conservez des documents décrivant les procédures d'entretien et de sécurité spécifiques à votre installation.
- **Arrêt d'urgence :** En cas de problème grave, assurez-vous que vous savez comment couper rapidement l'alimentation électrique du système.
- **Protection contre les animaux :** Les installations solaires peuvent attirer les animaux. Assurez-vous que les panneaux sont sécurisés pour éviter les dommages causés par eux.

Chapitre 8 :

Kit plug and play

Pour ceux qui sont connectés au réseau et qui ne souhaitent pas opter pour un modèle avec batterie, il existe une solution simple : avoir des panneaux solaires et des onduleurs sans batterie, et consommer directement l'énergie produite en journée en autoconsommation.
Il existe des kits 'plug and play' disponibles sous différentes marques. Ce que les particuliers ignorent souvent, c'est qu'ils peuvent payer plus du double du prix du système par rapport à sa valeur réelle.
Si toutefois vous choisissez de créer un système vous-même :

Le choix des composants :

Si vous consommez uniquement en journée, le choix de l'emplacement est crucial (voir les conseils précédents sur la sélection de l'emplacement). Pour les panneaux solaires, bien que les publicités mettent souvent en avant des panneaux de 200 à 300 watts, en novembre 2023, un panneau de 420 watts est disponible pour environ 116 euros, ce qui est très économique par rapport aux prix proposés par certaines entreprises qui peuvent atteindre 500 euros voir plus.

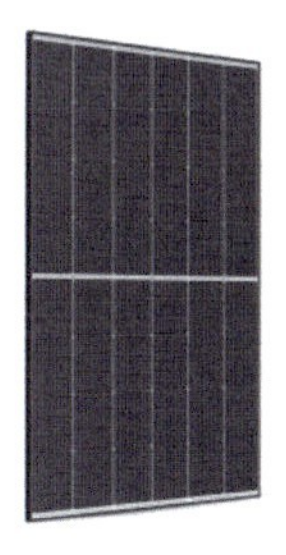

Panneau solaire 420Wc - Cadre Noir - Mono -

REF: 420TSM-DE09R.08

5

116,75 € TTC ~~134,80 €~~ (-13%)

- Poids net **21.8kg**
- Puissance pmax **420Wc**
- Garantie distributeur **15 ans**

Micro Onduleurs 880W - MPPT Duo - DS3 -

REF: DS3-APS

★★★★★ 4.7

197,97 € TTC ~~227,55 €~~ (-13%)

- Puissance pv max. **2x660Wc**
- Puissance sortie ac **880W**
- Garantie distributeur **10 ans**

En Stock **2399 pcs**

Le choix de l'onduleur :

Investissez dans du matériel de qualité pour une plus grande longévité. Il existe des onduleurs avec une seule entrée pour panneaux, qui sont souvent montés à l'arrière du panneau lui-même. Mais il y a aussi des onduleurs avec plusieurs entrées. Même si vous commencez avec un seul panneau, je vous conseille d'utiliser un onduleur avec au moins deux entrées, car il est probable que vous souhaitiez ajouter un deuxième panneau à l'avenir.

Le raccordement :

C'est très simple : à la sortie de l'onduleur, qui fournit du courant alternatif, il y a trois câbles - la phase (rouge), le neutre (bleu) et la terre (jaune et vert). Il suffit de les brancher à une prise de courant de votre maison.

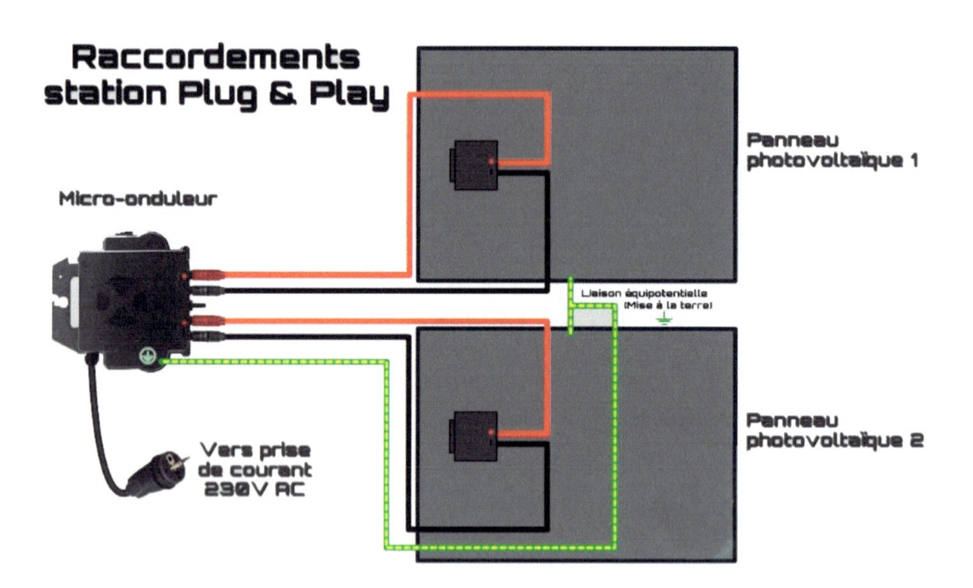

Le prix :
Un panneau de 420 Wc à 116 euros et un onduleur avec deux entrées de 880 Wc (il est toujours préférable d'avoir une marge de puissance) à 198 euros vous coûtera un total de 314 euros. Sans compter la TVA et les câbles supplémentaires qui pourraient être nécessaires à votre installation, pour moins de 400 euros, vous pouvez avoir un kit complet. Les kits plug and play proposés sont souvent juste un choix de matériel préassemblé pour lequel vous payez surtout le marketing. Donc, sans surprise, créer son système engendre une économie significative.

J'en arrive à la fin des explications sur le photovoltaïque. Si j'ai bien rempli ma mission, l'autonomie électrique ne devrait plus avoir de secret pour vous. Je m'avance en disant cela, car mon expérience de la vie en autonomie m'a appris que le système peut toujours être amélioré. Pour vous donner une petite idée, j'ai créé ce dernier chapitre pour illustrer l'évolution de mes connaissances en matière d'installation solaire.

Chapitre 9 :

Mon aventure solaire

Au tout début de cette aventure, de cette quête vers l'autonomie électrique, j'ai commencé modestement. J'ai acquis un petit panneau solaire de 10 watts sur un site bien connu, offrant des prix abordables. En outre, j'ai récupéré une batterie provenant d'un ancien tracteur-tondeuse appartenant à un voisin. J'ai également investi dans un régulateur de charge MPPT, que j'ai pu obtenir à un prix très raisonnable, soit 10 euros. Ce fut le point de départ de mon parcours dans le monde passionnant de l'énergie solaire.

Pour un investissement très abordable, vous pouvez commencer par vous familiariser avec l'énergie solaire, tout comme je l'ai fait. J'ai simplement branché un petit panneau solaire à un sectionneur, suivi d'un régulateur de charge MPPT équipé d'un port USB. J'ai également utilisé une batterie, un coupe-circuit et un fusible pour sécuriser mon système.

Ce système m'a permis de recharger une batterie 12 V, les appareils électroniques, tels que mon téléphone portable et ma tablette, et d’allumer une ampoule 12v le soir dans le salon. Je ressentais une immense satisfaction de savoir que je transformais ma propre énergie .

Le Commencement

Après ces premières expériences et ma plongée dans le monde du photovoltaïque, qui m'a demandé des milliers d'heures de recherches approfondies, je sentais qu'il était temps de franchir une étape décisive. Finie la location de maisons totalement dépendantes de l'électricité du réseau, avec des tarifs d'électricité en constante augmentation !

Je voulais prendre le contrôle de mon approvisionnement en énergie, réduire ma dépendance vis-à-vis des fournisseurs d'électricité et, par-dessus tout, contribuer à réduire mon empreinte environnementale. Mon aventure dans l'énergie solaire prenait un nouveau tournant, et j'étais prêt à relever les défis passionnants qui m'attendaient.

J'ai acquis une grange vide ! Mon désir d'autonomie était bien plus qu'une simple installation photovoltaïque. Je voulais couper le cordon, prouver que l'on peut repartir de zéro, créer un chez-moi à l'intérieur de cette grange, tout en étant totalement déconnecté des réseaux électriques. Je voulais effectuer chaque étape de ce projet de A à Z, sans aucune aide électrique extérieure, en comptant uniquement sur ma capacité à les réaliser.

L'achat de cette grange représentait le début d'une aventure incroyable, un défi que j'étais prêt à relever. C'était le moment de transformer cette structure vide en un lieu de vie autonome, alimentée par l'énergie solaire et construite de mes propres mains. C'était un rêve devenu réalité, et j'étais prêt à y consacrer temps, énergie et détermination.

Dans cette grange, j'ai réalisé mon futur atelier, une pièce de 45 mètres carrés qui est devenue mon lieu de vie pendant deux ans et demi, tout au long des travaux. C'était bien plus qu'un simple espace de travail, c'était mon laboratoire d'expérimentation pour l'autonomie électrique. Vous allez rapidement comprendre pourquoi.
Cette période a été marquée par l'innovation, l'apprentissage constant et l'exploration des possibilités offertes par l'énergie solaire. Mon atelier est devenu le cœur de ma quête vers l'autosuffisance énergétique, un espace où j'ai mis en pratique mes connaissances et testé de nouvelles idées. C'était un voyage passionnant et éducatif, avec des défis à relever à chaque étape.

Au tout début de cette aventure, ma cabane était équipée de deux panneaux solaires de 100 watts à 12 volts, ainsi que d'une vieille batterie de camion de 200AH récupérée dans une casse. Mon système fonctionnait en 12 volts, ce qui était suffisant pour alimenter l'éclairage. J'avais installé trois ampoules de 5 watts dans le salon, une dans la chambre et une dans la salle de bain. J'ai également utilisé des prises USB de voiture, qui fonctionnaient à 12 volts, pour charger mes appareils électroniques.

Même Internet était disponible dans la cabane ! J'avais une box 4G qui fonctionnait à l'origine à 230 volts, en coupant le fil d'alimentation pour retirer le transformateur 230/12v 1ampere, j'ai raccordé le système au 12 volts, en ajoutant un interrupteur pour l'éteindre la nuit. Quant à la télévision, je ne l'avais pas encore installée, mon ordinateur portable suffisait. J'utilisais un convertisseur de tension CC pour charger mon ordinateur, passant de 12 volts à 19,4 volts, son convertisseur de base lui passait le 230 a 19,4 v en courant continu, je n'avais donc pas de transformation à faire, juste élever la tension.

Ensuite, j'ai ajouté une éolienne à mon système. Cette éolienne de 12 volts s'est avérée très utile pendant les nuits et les jours sans soleil. Même avec deux panneaux solaires de 100 watts, je devais être attentif à ma consommation, en grande partie en raison de la batterie d'occasion qui n'était plus toute jeune. Cependant, cela a suffi pour me permettre de vivre de manière autonome pendant un certain temps, en attendant de passer à un système plus grand.

Avec le temps, les travaux avançaient et mon petit système, combiné à l'éolienne, était devenu suffisant pour alimenter l'éclairage, l'accès à Internet et la recharge de mes appareils portables. J'étais agréablement satisfait de cette expérience de vie autonome. Mon quotidien était devenu une leçon d'autosuffisance.

Je passais mon temps à effectuer des calculs, à déterminer la surface nécessaire de mes panneaux solaires, la puissance requise et la capacité de la batterie. Mon objectif était de mettre en place un système plus important, mais je voulais m'assurer que les futurs besoins de la maison seraient correctement évalués. L'objectif était de créer un système énergétique qui serait en parfaite harmonie avec mes besoins réels.

Passer d'une maison entièrement raccordée au réseau électrique à une cabane sans aucun raccordement a représenté un défi considérable. Il n'y avait pas de chauffage électrique, pas de plaques de cuisson électriques, pas de chauffe-eau électrique. Mon système de chauffage était un vieux poêle à bois, sans besoin d'électricité, et ma cuisinière fonctionnait au gaz. J'utilisais également le gaz pour chauffer l'eau nécessaire à l'hygiène quotidienne. Oui, c'était un mode de vie spartiate, mais avec le temps, j'ai appris à apprécier cette vie simple. En peu de temps, je m'étais adapté à un niveau de confort réduit.

Après mûre réflexion, j'ai décidé d'acquérir un système photovoltaïque plus important, et même de passer directement au système destiné à la future maison. Mon objectif était de comprendre pleinement ses capacités, son fonctionnement, et ses limites. Les travaux sur la future maison dureraient plusieurs années avant d'être terminés, et je voulais avoir une idée précise de la capacité de recharge en fonction des saisons. Cela me permettrait de déterminer si j'avais besoin d'une augmentation de la capacité pour la maison à l'avenir.

J'ai opté pour un onduleur hybride, sachant qu'il offre la possibilité de se connecter au réseau pour recharger les batteries, ou ajouter un groupe électrogène au besoin. Cela semblait être la meilleure décision, d'autant plus que cela me revenait moins cher. J'ai choisi un onduleur de 5000 watts à 48 volts, qui m'a coûté 900 euros. Les panneaux solaires étaient à 162 euros l'unité pour une capacité de 300 watts-crête. J'en ai pris 9, pour un total de 1458 euros. Pour les batteries, j'ai opté pour des batteries gel de 150 Ah, un bon compromis entre prix et capacité, pour un total de 1280 euros pour les 4 batteries.

Lorsqu'on ajoute les coûts des câbles, du sectionneur et des fusibles, on s'approche de 4000 euros, frais de port inclus. Donc, au final, j'ai investi environ 4000 euros pour atteindre une autonomie énergétique.

Une fois que j'ai reçu tous ces composants, tout juste sortis de leurs cartons, j'ai entrepris d'installer l'ensemble. J'avais déjà conçu une structure en bois à poser au sol, à partir de palettes, orientée plein sud, pour accueillir les 9 panneaux solaires. Ces panneaux étaient connectés en trois parties : trois en série pour augmenter la tension à 120 volts, puis ces trois ensembles étaient connectés en parallèle pour augmenter l'ampérage. C'est ce qu'on appelle un montage hybride série-parallèle.

Ainsi, j'avais mis en place deux systèmes photovoltaïques pour ma cabane. Le premier, en 12 volts, alimentait l'éclairage et Internet, fournissant le nécessaire pour une vie autonome. Le deuxième système a été conçu pour des besoins plus importants, principalement en 230 volts alternatif. Je dois avouer que la première chose que j'ai testée avec ce système était la télévision, suivie de près par ma console de jeux. Ensuite, les appareils électroménagers, dont le réfrigérateur. C'était un soulagement de retrouver ce niveau de confort.

Le deuxième système était allumé uniquement lorsque nous en avions besoin. Par exemple, le réfrigérateur était dans la grange, et pendant l'hiver, il restait à une température suffisamment basse pour ne pas nécessiter d'alimentation électrique. De plus, lorsque l'onduleur était allumé, il consommait à lui seul 50W, donc il était éteint si je n’en avais pas l’utilité. Comme l’éclairage était en 12 Volts, pas de nécessité d’utiliser le 230 Volts comme dans une maison normale. En sachant que l’éteindre ne l’empêchait pas de charger les batteries.

Le système fonctionnait à la perfection avec cette configuration. J'ai pu tester différents outils électriques de chantier tels que des perceuses, des perforateurs, un marteau-piqueur de 2500 watts, une scie circulaire, et bien d'autres. Bien sûr, l'énergie solaire complétait la consommation, grâce à nos panneaux. En réalité, j'utilisais très peu les batteries, sauf lors du démarrage de ces machines, le temps qu'elles atteignent leur régime de fonctionnement optimal. Il a fallu vraiment de longues périodes très grises de plusieurs jours pour que nous ayons besoin d'utiliser un groupe électrogène, notamment pour des outils plus puissants. Cependant, il est important de souligner que cette maison a été construite sans avoir recours au réseau électrique externe.

J'avais remporté mon pari initial avec succès. Désormais, mon objectif était d'améliorer mon installation pour disposer d'une maison aussi confortable que possible, avec peu de différences par rapport à une maison raccordée au réseau, à l'exception notable que je n'avais plus de factures d'électricité à payer.

N'ayant pas encore atteint les limites de mon onduleur hybride, j'ai décidé d'ajouter trois panneaux solaires supplémentaires, en veillant à conserver une marge de sécurité. Cela signifiait que je disposais désormais de 900 watts crete de puissance supplémentaire. Avant de les installer sur mon toit en bac acier, j'ai organisé ces 12 panneaux de 300 watts-crête en 4 groupes de 3, reliés indépendamment par le biais de sectionneurs individuels dans mon local électrique. Cela m'a coûté un peu plus en câbles, mais cette approche me permettait de localiser plus facilement la source d'un éventuel problème si l'un des groupes de panneaux connaissait une défaillance. J'ai également noté l'ordre d'installation sur le toit pour faciliter les futures opérations de dépannage.

Ayant déjà l'expérience de ma cabane en 12 volts, j'ai décidé de concevoir ma maison de la même manière. Pourquoi cette décision ? C'est simple : toute énergie non transformée ne consomme que ce qu'elle consomme réellement. Pour illustrer, imaginez devoir faire fonctionner mon onduleur hybride en continu, ce qui entraînerait une consommation à vide de 50 watts (50wh). Cela ne semblait pas du tout judicieux.

Supposons que j'allume une ampoule LED de 10 watts en 230 volts. Si l'on ajoute les 50 watts de consommation de l'onduleur, cela représente une consommation totale de 60 watts, simplement pour alimenter une ampoule. Cette approche n'était pas logique, et il était encore moins judicieux de laisser l'onduleur consommer 50 watts toute la nuit sans raison valable.

J'ai donc opté pour l'utilisation d'un abaisseur de tension, passant de 48 volts à 12 volts, et j'ai créé un tableau électrique dédié au 12 volts, spécialement conçu pour l'éclairage et d'autres appareils fonctionnant en 12 volts. Cette démarche présente non seulement un avantage évident en terme d'économie d'électricité, mais elle offre également une sécurité supplémentaire. En cas de problème avec mon onduleur, je disposerais toujours d'éclairage, de rechargement et de connexion Internet, car le système 12 volts était indépendant de celui-ci.

En ce qui concerne l'onduleur et sa consommation de 50 watts, comment optimiser cette dépense énergétique ? Vous pouvez par exemple vous demander ce que vous pourriez faire avec ces 50 watts ? Par exemple, est-ce suffisant pour regarder la télévision ?

Pour réduire cette consommation d'énergie, j'ai opté pour un deuxième onduleur, plus petit et moins puissant, avec une capacité de 375 watts, qui ne consomme que 5 watts à vide. Je l'ai installé sur une prise dédiée dans le salon, destinée à alimenter la télévision, la console de jeux et d'autres petits appareils. Cette décision m'a permis d'économiser considérablement et de cibler spécifiquement cette consommation, en évitant d'utiliser le plus gros onduleur pour des charges légères. En outre, cela a également servi de solution de secours au cas où le plus gros onduleur rencontrerait un problème.

Une problématique majeure se pose dans ma quête d'autonomie énergétique. Même avec un système relativement bien organisé, il existe des pertes d'énergie. Imaginons cette situation : le matin, je démarre l'onduleur avant de partir au travail pour alimenter le réfrigérateur, etc. Si nous suivons cette logique, l'onduleur reste actif toute la journée. Cependant, le réfrigérateur ne fonctionne pas en continu, ce qui entraîne des pertes, surtout en automne et en hiver, lorsque la demande énergétique est plus importante.

Pour résoudre ce problème, j'ai mis en place un simple interrupteur programmable. Un interrupteur programmable (switch) est un petit dispositif doté d'un cerveau électronique qui agit comme un interrupteur, il appuie sur l'interrupteur choisi. En le programmant aux heures souhaitées, je peux automatiser la mise en marche ou l'arrêt de certains appareils. Cela me permet d'économiser de l'énergie en programmant l'onduleur pour s'éteindre aux heures où il n'est pas nécessaire et de le redémarrer, par exemple, pendant seulement 30 minutes pour permettre à mon réfrigérateur de retrouver sa température optimale.

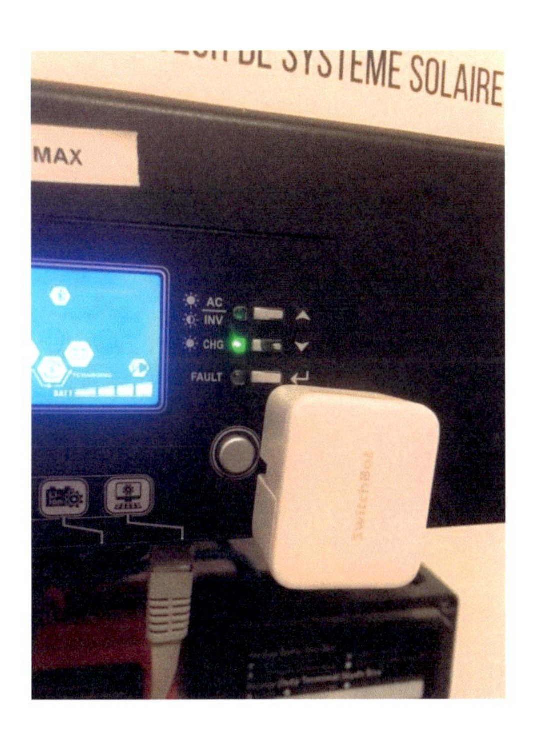

En ce qui concerne le chauffe-eau, j'ai opté pour une solution au gaz dans un premier temps. Plus précisément, j'ai installé un chauffe-eau instantané qui ne consomme que l'énergie nécessaire pour chauffer l'eau au moment de son utilisation. Cette approche s'est révélée très efficace, en prenant des douches quotidiennes, en faisant la vaisselle à la main, etc..., je n'utilisais qu'une bouteille de gaz de 13 kilos par mois, sans me priver. Si je réduisais ma consommation, en prenant des douches plus courtes, ou en revenant à la méthode lavabo, la bouteille de gaz durerait beaucoup plus longtemps. Ceci met en lumière l'importance de prendre des décisions éclairées en matière d'autonomie, en particulier si vous avez un budget limité. Il est vrai que l'autonomie est tout à fait possible pour un chauffe-eau électrique tout au long de l'année, mais les coûts d'installation seraient considérables.

Pour résoudre ce problème, qui était davantage d'ordre du défi personnel, comme je l'ai mentionné précédemment, rien n'est figé, et l'amélioration est constante. J'ai ajouté un chauffe-eau électrique de 150 litres, de 1800 watts, en amont du chauffe-eau au gaz, en utilisant un montage en série. L'idée était de chauffer une partie de l'eau chaude avec l'appareil électrique, complétée ensuite par le chauffe-eau au gaz, ce qui permettait d'économiser du gaz.

Cependant, 1800 watts représentent une puissance considérable. Les résistances des chauffe-eau sont généralement branchées en trois phases électriques, donc 3 résistances de 600 watts chacune.

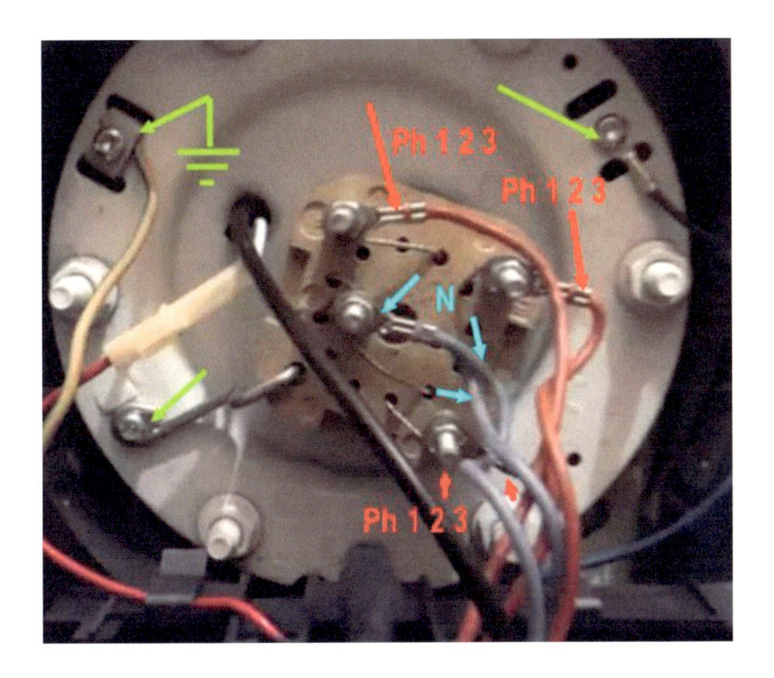

Dans un premier temps, j'ai débranché 2 phases pour réduire la consommation à 600 watts, ce qui était amplement suffisant, surtout au printemps, dépassant largement mes attentes. Je n'ai plus eu besoin du chauffe-eau au gaz. Le temps de chauffe était cependant un peu long, en particulier au démarrage lorsque l'eau était froide. J'ai donc décidé de réactiver la deuxième résistance de 1200 watts. Cela a divisé par deux le temps de chauffe, en particulier lorsque l'eau avait déjà été chauffée la veille. Sachant que la consommation d'énergie liée à l'eau chaude est l'une des plus importantes dans une maison, il était important de s'y intéresser de près.

Un autre problème est survenu : la tension des panneaux solaires n'est pas constante. Un nuage passe, et c'est alors que vos batteries prennent le relais, demandant un pic d'ampérage important d'un seul coup. Dans le but de protéger mes batteries, j'ai installé un variateur de tension qui peut faire varier la puissance du ballon d'eau chaude entre 0 et 230 volts, ajustant ainsi la puissance entre 0 et 1200 watts. Afin de m'assurer que je ne tirais pas trop d'énergie via mes batteries (cette expérience a eu lieu en été), j'ai réglé le ballon sur 300 watts, anticipant quelques nuages et le fait que je n'étais pas toujours à la maison. Cependant, il est apparu que ce système demandait d'être constamment présent pour ajuster la tension afin d'être efficace. Le principe était bon, mais il était trop chronophage. Un système automatisé qui pourrait gérer cela à ma place serait l'idéal.

La domotique :

J'ai commencé à m'intéresser à la domotique depuis quelque temps, avec surtout le succès du switch de l'onduleur, qui m'a énormément aidé. Je voulais obtenir davantage de détails sur ma consommation et ma production d'énergie. Cependant, dans ce livre, je ne vais pas vous expliquer comment mettre en place la domotique, car c'est un sujet distinct, même s'il s'intègre parfaitement dans une installation photovoltaïque. Je vais plutôt vous parler de ce que j'ai mis en place pour vous donner une idée des améliorations que cette technologie peut apporter.

Pour commencer, je ne connaissais absolument rien à la domotique, et je n'étais pas intéressé par les solutions toutes faites. J'ai donc entrepris des recherches, et j'ai découvert que de nombreux logiciels domotiques étaient "open source". Cependant, il y a un problème : la plupart des solutions domotiques doivent fonctionner 24 heures sur 24. J'ai donc opté pour "Home Assistant", un logiciel gratuit et assez complet, avec une communauté en croissance constante. Pour le faire fonctionner, j'ai choisi d'utiliser un Raspberry Pi 4. L'avantage supplémentaire est que cela peut fonctionner en 12 volts avec une consommation de seulement 4 watts. C'était donc le choix idéal pour s'intégrer à mon système 12 volts de la maison.

Grâce à tout cela, j'ai pu générer des graphiques et des courbes de ma production et de ma consommation d'énergie, en utilisant des modules complémentaires pour calculer la tension. J'ai pu observer, grâce à des prises connectées, la durée exacte de fonctionnement de mon réfrigérateur pour mieux adapter l'arrêt et le démarrage de l'onduleur principal. J'ai également créé des automatisations, par exemple, en utilisant un thermomètre connecté à une prise intelligente et au commutateur de l'onduleur, je peux donner des ordres pour qu'à 7 degrés Celsius, l'onduleur soit enclenché, et une fois que la prise connectée ne détecte plus de courant (ce qui signifie que le réfrigérateur s'est éteint), l'onduleur s'éteint, etc. Les possibilités sont infinies avec la domotique, et nous n'en sommes encore qu'aux débuts de cette technologie.

Consommation du système 12 V avec internet et ma box domotique : 7,8 W

La domotique offre une flexibilité incroyable pour gérer votre système d'énergie et automatiser certaines tâches en fonction de vos besoins.

Graphique de consommation :

Sur ce graphique, on peut voir la puissance maximale et le temps d'utilisation. Ici, nous retrouvons les 1200 W qui proviennent du chauffe eau, et les petits sursauts qui correspondent à ceux du fonctionnement du réfrigérateur.

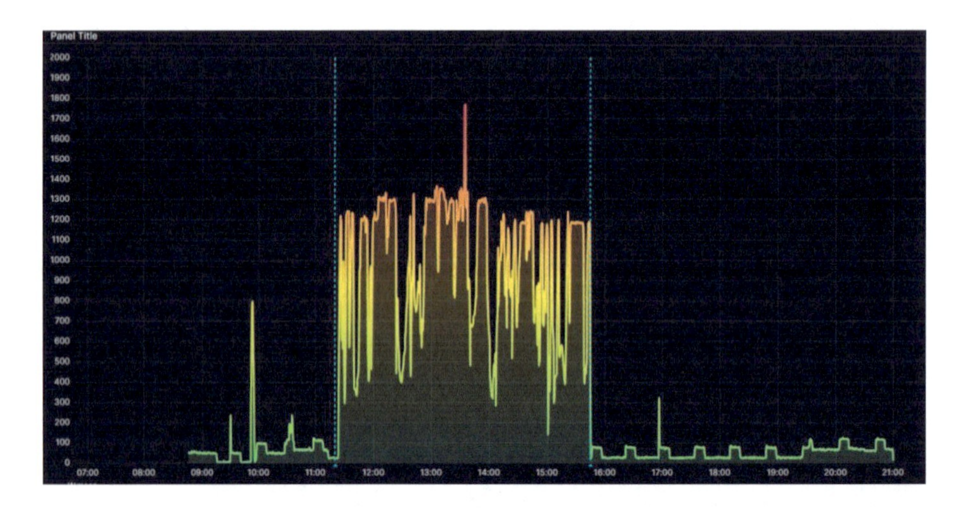

Le routeur solaire

Il ne manquait plus qu'un système d'eau chaude automatisé, qui ne solliciterait pas les batteries. J'avais entendu parler des "routeurs solaires", mais ils étaient conçus pour des systèmes sans batteries, utilisant le surplus d'énergie solaire pour chauffer de l'eau ou activer un chauffage, et ils étaient assez coûteux, allant de 500 à 1000 euros.

Cependant, après quelques recherches, j'ai réussi à fabriquer le mien. J'ai utilisé une carte électronique, un peu de programmation pour le configurer, et un fer à souder ainsi que plusieurs composants. Cela m'a coûté beaucoup moins cher que l'achat d'un routeur solaire commercial, et cela n'existait pas sur le marché. Même si cela m'a pris un mois pour tout mettre au point, le système fonctionne de manière autonome. Il ne fonctionne qu'avec le surplus d'énergie solaire et démarre à une heure prédéfinie et à une tension spécifique. Il ne draine pas l'énergie en dessous de la charge déjà maximale de mes batteries, c'est ainsi que je l'ai programmé. Une fois que mes batteries sont complètement chargées, il redirige automatiquement l'excédent d'énergie des panneaux dans mon chauffe-eau.

Ce système a fonctionné tous les jours, je n'ai jamais manqué d'eau chaude, j’ai pu chauffer le ballon jusque début de novembre. J'habite dans le nord de la France, là où le temps n'est pas toujours très clément. C'est plutôt réjouissant. Il a pu chauffer finalement plusieurs fois en hiver. Début mars le chauffe-eau était de nouveau indépendant du gaz, soit environ 8 mois sans utiliser de bouteilles à 40 euros chacune. J'ai donc réalisé une économie de 320 euros.

Exemple du fonctionnement en domotique :

Ci-dessous, mon ballon d'eau chaude est au maximum début novembre sans pour autant impacter les batteries.

Mon expérience dans le photovoltaïque s'arrête là pour le moment, mais les idées ne manquent pas. J'envisage de faire évoluer mon système. Je ne vous dévoile pas tout, suite dans le prochain livre ? J'espère sincèrement que ce manuel est suffisamment clair et que mon expérience pourra aider ou inspirer des personnes, ce qui contribuera également au bien de notre planète.

Printed in France by Amazon
Brétigny-sur-Orge, FR